二十四節氣中的科学味道

陈龙文

南京出版传媒集团 南京出版社

图书在版编目（CIP）数据

二十四节气中的科学味道 / 陈龙文著. -- 南京：南京出版社，2024.9

ISBN 978-7-5533-3940-5

Ⅰ. ①二… Ⅱ. ①陈… Ⅲ. ①二十四节气－青少年读物 Ⅳ. ①P462-49

中国版本图书馆CIP数据核字（2022）第211827号

书　　名：二十四节气中的科学味道
作　　者：陈龙文
出版发行：南京出版传媒集团
　　　　　南 京 出 版 社
社址：南京市太平门街53号　　邮编：210016
网址：http://www.njcbs.cn　　电子信箱：njcbs1988@163.com
联系电话：025-83283893、83283864（营销）　025-83112257（编务）

出 版 人：项晓宁
出 品 人：卢海鸣
责任编辑：焦　博　王丽红
装帧设计：张　淼
责任印制：杨福彬

排　　版：南京新华丰制版有限公司
印　　刷：南京凯德印刷有限公司
开　　本：787毫米 × 1092毫米　1/16
印　　张：13
字　　数：180千
版　　次：2024年9月第1版
印　　次：2024年9月第1次印刷
书　　号：ISBN 978-7-5533-3940-5
定　　价：40.00元

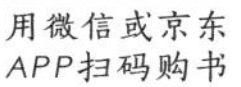

用微信或京东APP扫码购书

用淘宝APP扫码购书

写在前面的话

某种机缘，我通过学生陈龙文的介绍结识了由他主持的南京市高中化学名师工作室的老师们，他们拿出这本《二十四节气中的科学味道》书稿，要我给点建议。震惊于他们在短短的半年时间就写出了这么一本厚重的科普书，而且是“科学的味道”系列丛书中的一本，着见他们非常用心，借此机会，我很愿意把这本书推荐给青少年朋友们。

首先我感受到无比的震动，震动于本书的写作初衷。这是一本中国古代科学的现代科普，也着实反映了古代劳动人民对劳动及劳动教育的重视。

中华文化源远流长，古代科学技术也取得了同时代的其他国家和民族难以企及的成就， 在农学、医学、数学、天文学等四项自然科学领域都有所涉及。比如在农业方面，早在春秋战国时期，不但铁农具被广泛使用，耕作制度上也开始出现复种轮作制，精耕细作的农业培养方式的雏形业已形成，出现了农家学派和农业专书。在技术方面，青铜冶铸技术在春秋战国时期发展到最高阶段。所以本书的编写者在提高民族文化自信、普及中国古代科学知识方面是有着鲜明的自觉意识和实际行动的。

中华民族具有勤劳智慧的优良传统，祖祖辈辈的中华儿女用劳动创造着美好的生活，也蕴涵了中华民族的优秀传统文化，使我们的国家和民族始终屹立于世界民族之林。“二十四节气”是农耕文化的产物，先民们顺应天时，春种秋收夏耘冬藏，年复一年，辛勤劳作，他们在劳动中实现人生价值，推动社会发展。“二十四节气”，作为农耕文明的象征，能让青少年体验劳动耕作，磨砺勤劳品质，培养劳动精神。本书编写者在传承劳动传统、普及劳动教育方面也是有着鲜明的自觉意识和实际行动的。

关于“二十四节气”，此前已有许多相关书籍，但本书视角独特，给人更多的感动、生动和灵动。

感动于天体自然给人的“信号”。浩瀚宇宙中一颗小小的蓝色星球，按照自身的轨道轨迹周而复始的运行不止，神奇地孕育出万千姿态的生命态势。本书从现代科学的视角描绘了日升月落、黑夜白昼、冬去春来、四季轮回、斗转星移都是天体运行给人的信号；蚂蚁搬家、燕子低飞、花开花落、阳光明媚、物换星移都是自然给人的信号。这些信号是自然变化和规律，给我们启示，指导我们的生产生活。

生动的是本书是对自然物质层出不穷，适应抗争能力描述的生动写照。自然界按照其固有的规律运行不辍，永不停歇；自然万物存于其间，不可胜计的无生命物质神奇地产生；无法统计的有生命的动植物、微生物存活于世，适应环境的同时变异进化，它们对大自然抗争的本能和力量让人动容。悬崖边的一棵歪树、寒风中的一棵小草、搏击天空的鹰隼、遨游水下的鱼类，无不展示着生命之美。

灵动是感触于自然万物的灵性。比如书中写到蝉的相关知识。我们平常对蝉的印象就是夏天从地底钻出来爬到树上，叫一个夏天。而事实上，蝉为了这一个夏天的鸣叫，已经在地下准备多年，要经过 4~5 次蜕皮，才能变成成虫，但是一旦钻出地面，口器就消失了，不能再进食。聒噪的夏蝉，让人感受到自然的残酷和生命的灵性。再比如关于动物冬眠，松鼠是睡死状态，刺猬几乎不呼吸，木蛙会假死，母熊顺便生个孩子。这些知识读来生动有趣，让人领略到自然万物的神奇灵性。

其次是感到震撼。虽然“二十四节气”相关写作较多，但是编者仍然有内容可做，本书编写的定位是非常清晰精准的，即立足科学视角，普及科学知识和科学方法，以科学普及的方式进行时空压缩，用新鲜的科学知识的解读使人焕然一新。

本书的出现是对现实的反思和呐喊。首先，关于中国古代有无科学的争论。科学界的现实情况是，我们对自己高度发达的古代科技水平缺乏清晰的认识，甚至还在为中国古代有没有科学争论不休。面对争论，我们应该有高度的民族自豪感和文化自信，自信我们老祖宗的智慧，自信我们在科学技术方面也是先进的，我们曾经有着领先世界的科学方法、科学技术和科学智慧。其次，教育现实对劳动教育的忽视。近年来，因为这种原因，教育越来越内卷，越来越重视升学率，越来越忽视学生的综合素质的提升，其中就包括对劳动的忽视。好在我们已深知这一弊端，并大力进行改革和纠偏，如双减政策的落地，如传统科学文化的传播，如劳动教育进入课堂，等等。

我们强调科学普及和劳动教育的重要意义在于，对其蕴藏的人文精神做挖掘提炼，这会对提升青少年读者朋友们的人文素养有所帮助。习近平总书记在为《复兴文库》所作的序言中强调：以史为鉴、察往知来，在复兴之路上坚定前行。“二十四节气”文化也是我们历史文化的重要组成部分，挖掘这方面的内涵，可以让我们更好地理解古人的智慧，理解中国传统的天人合一的理念，理解人与自然和谐相处的作用，也可以让我们进一步理解和谐、和平的现实意义。

习近平总书记指出，要坚定文化自信、增强文化自觉，传承革命文化、发展社会主义先进文化，推动中华优秀传统文化创造性转化、创新性发展，构筑中华民族共有精神家园。中华民族是世界上伟大的民族，为人类文明进步作出了不可磨灭的贡献。一代代中华民族的先进分子和优秀儿女探索、奋斗、牺牲、创造，为中华民族伟大复兴而努力奋斗。愿你我，愿普天之下所有的中华儿女共勉。

杨锦飞

2023 年 8 月

序言

2016年11月30日，我国的“二十四节气”被联合国教科文组织列入“人类非物质文化遗产代表作名录”。其文韵深厚，声名远播，影响深远，在国际气象界，“二十四节气”还被誉为“中国的第五大发明”。

“二十四节气”的产生时代久远。在古老的华夏大地上，我们的先民们日出而作、日落而息，春种夏作、秋收冬藏。他们观察天象，感受四季，积累经验，总结规律，进而更好地认识自然，服务生活。早在春秋战国时期，我们就有了日南至、日北至的概念。战国后期的《吕氏春秋》，已经明确记载了立春、春分、立夏、夏至、立秋、秋分、立冬、冬至的节气名称，明确标注出了季节的转换，清楚划分出了四季。秦汉年间，二十四节气已经完全确立，汉武帝时制定的《太初历》，正式把二十四节气定于历法之中。后世不断进行修订，并流传至今。

“二十四节气”的演绎蕴藏着丰富的自然科学知识。“二十四节气”之所以成为国之文化瑰宝，是因为古代劳动人民从天象、气候、地理、动植物生长过程中总结出规律性的知识，在漫长的研究和总结中，形成了较为成熟的季节性标志特征。这种源于自然，又能指导农业生产的规律性知识，蕴藏着无数个自然科学道理。古代先贤们掌握了很重要的科学分类法，从中分类总结出的“七十二物候图”，散发着智慧的光芒，它既能准确地预知季节的特征，又能便捷地指导农耕生产与生活。

“二十四节气”的传承也承载着我国优秀的传统农业文化。其中，天人合一、以人为本、取物顺时、循环利用的哲学思想，在今天仍然具有较高的经济、文化、生态、社会和科研价值，是中华民族当之无愧的文化大餐。今天我们在观察星象演变、感知气候变化、观察植物生长、感受动物灵气、品味人间美肴、规避自然凶险的过程中，大大地增强了我们对民族文化的认同感、自豪感，可以带动全社会对民族文化更进一步的关注和认知，进一步促进中华文化的传承和发展。

《全民科学素质行动规划纲要》（2021—2035年）指出，“提升科学素质，对于公民树立科学的世界观和方法论，对于增强国家自主创新能力和文化软实力、建设社会主义现代化强国，具有十分重要的意义。”《四库全书总目提要》有言：“研理于经，可以正天下之是非；征事于史，可以明古今之成败。”习近平总书记指出，推动中华优秀传统文化创造性转化、创新性发展，可以为民族复兴立根铸魂。要坚持守正创新，推动中华优秀传统文化同社会主义社会相适应，展示中华民族的独特精神标识，更好构筑中国精神、中国价值、中国力量。习近平总书记强调，中华优秀传统文化教育抓早抓小、久久为功、潜移默化、耳濡目染，有利于夯实传承中华优秀传统文化的根基。

本着对中华优秀传统文化的守正创新，我们意在从青少年入手，促使“二十四节气”文化得到进一步传播与发扬。从科学的视角来讲，“二十四节气”中蕴含的科学道理可以让青少年进一步了解其中的科学知识和古代先贤们的聪明智慧，有助于提高青少年的科学兴趣，拉近青少年与传统文化之间的距离。我们认为，面对百年未有之大变局，面对当今世界的贸易战、科技战，唯有科技才能强国，唯有发展才能强大，而发展离不开全民素质特别是青少年素质的提升，唯有如此，才能培养出创新型的科技人才。本书就是怀着这样的初衷而规划设计的。

本书共分五章，第一章“斗转星移”。该章节内容意在介绍“二十四节气”

的由来以及相关的科学知识。阅读本章内容，可以清晰地了解“二十四节气”形成的原因，以及与之相关的天文、地理、物候特征的知识，一窥“二十四节气”前世今生。

第二章“春华秋实”。该章节内容从“花信风”角度，向各位读者朋友介绍冬春两季与物候密切相关的重要花卉知识。春暖花开，万物复苏，在这个过程中植物是怎样感知温度和生长发芽。走进文本，可以了解到从小寒到谷雨不同物候对应的不同花卉的相关科学知识，共赏其“花样年华”。

第三章“万物有灵”。该章节从动物的角度，介绍与节气相关的动物生长变化特点。春秋代序，四季轮回，动物们是怎样演绎自然生长和生活繁衍的。阅读本章内容，可以了解到小虫苏醒、燕子迁徙、蝼蝈争鸣、反舌无声、鹿角始解、蛰虫咸俯、寒号鸟鸣、大雁南飞等有趣的科学知识，揭开其神秘面纱。

第四章“寻味人间”。该章节从中华美食的角度，介绍与节气相关的地方饮食文化。顺应自然、取舍有道，人们是如何契合气候变化和更好适应环境的智慧和能力的。本章可以了解春卷、青团、苦菜、荔枝、西瓜、螃蟹、腊肉、饺子等美食的科学知识和节日文化。

第五章“自然之威”。该章节从自然角度，介绍与节气相关的重要自然灾害及防灾减灾等科学知识。电闪雷鸣、天昏地暗，在无法预知的自然灾害面前，人们怎样防患未然、保护自己。阅读本章内容，可以了解沙尘暴、暴雨、山火、暴雪、蝗灾等自然灾害的预测和防范，做到因势利导，化害为利。

本书着力于挖掘、继承和发扬传统节气文化，用科学的视角审视“二十四节气”文化，显得意义不凡和价值多元。一是可以固化“二十四节气”的价值所在，领略“二十四节气”中丰富多彩的节气文化，使青少年确立正确的生活方式，树立正确的生活态度，共享其中所蕴含的生存哲学和生命智慧，进而有利于推广传统文化。二是可以培养青少年的科学观察能力，引导其发现和研究自然规律，洞悉其中的科学奥秘，从而正确地应用自然科学知识指导生产生活实践；三是感受“二十四节气”中的农耕文化结晶，了解古代劳动人民的智慧，对古代劳动人民产生崇敬之情。四是了解与“二十四节气”相关的学科领域知识，体验“二十四节气”中的科学文化特色和文化气质，以期在新的社会实践中守正创新，推动“二十四节气”文化继续发展。五是用科学视角引导青少年学习、掌握、运用科学知识，挖掘“二十四节气”中的科学内容、科学道理和科学体系，培养其系统思考的习惯，提升其科学观察与总结的能力，为终身发展奠定良好的基础。

第一章　“斗转星移”之节气由来

第二章　“春华秋实”之花信风

第三章　“万物有灵”之生命气息

第四章　“寻味人间”之人间万象

第五章　“自然之威”之自然凶险

第一章

“斗转星移”之节气由来

屈原《离骚》中云:“日月忽其不淹兮,春与秋其代序。”日月流转，时光飞逝，四季更替，岁月轮回。在自然的轮回中，我们能够感受到宇宙的广阔；在四季的更替中，我们能够感受到自然的规律。我们对于季节的直观感受是春暖、夏热、秋凉、冬冷，可是为什么会有四季变化，不同季节又有什么特点，二十四节气是怎样形成的，又是怎样被发现和总结出来的，背后有着怎样的科学知识和自然规律呢？本章内容将为你揭晓这些物换星移、四季变化、物候更替的秘密。

第一节　二十四节气的由来

二十四节气的诞生于大自然的运行规律，得益于天时、地利、人和，历经漫长岁月研制，是中国古代人民的一项伟大发明创造。二十四节气分为七十二物候，内容详尽，除了指导农业生产，还是一个天象、历法、气温、降水、干支等综合体系。

“万物生长靠太阳。”太阳为地球提供的光和热，是地球上云、雨、雪、雾等天气现象及几乎全部生命活动的根本能量来源。受地球运动、纬度、天气、海拔、山体坡向等影响，地球上不同的地理位置接收到的太阳辐射（太阳辐射指太阳以电磁波的形式向宇宙放射的能量）也是不同的，生命从事的活动也相应不同。

地球运动分为地球自转和地球公转。地球自转（图 1.1.1）是地球绕着地轴自西向东旋转，其中，过地心并与地轴垂直的平面称为赤道平面。地球公转（图 1.1.2）是地球绕着太阳旋转，其中，公转轨道形成的平面称为黄道平面。赤道平面与黄道平面之间存在一个交角，称为黄赤交角，目前约为 23° 26'，即南北回归线所在的纬度。

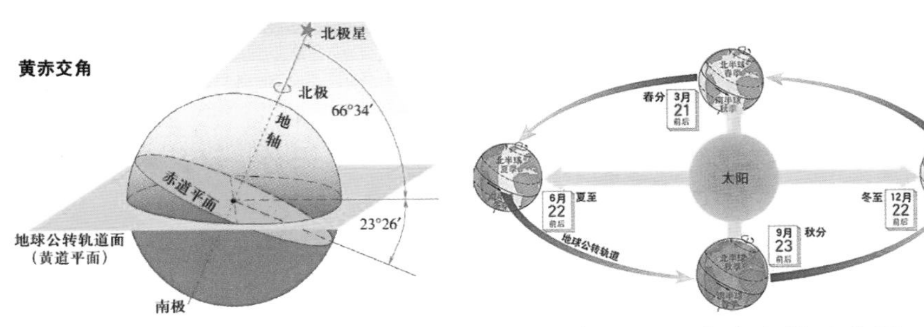

图 1.1.1　黄赤交角示意图　　　图 1.1.2　地球公转示意图

地球自转产生昼夜交替，使得地球昼夜温差不至于过大（极昼、极夜地区除外）。地球公转及黄赤交角的存在，使得太阳直射点在南北回归线之间移动，从冬至到来年夏至，太阳直射点向北移动，从夏至到冬至，太阳直射点向南移动，这就使地球大气上界不同纬度地区每日接收到的太阳辐射是不一样的。

根据能否受到太阳直射，人们以南、北回归线（南北纬 23° 26'）和南、北极圈（南北纬 66° 34'）为界，把地球表面粗略地划分为热带、北温带、南温带、北寒带和南寒带（图 1.1.3）。热带四季皆热，温带四季分明，寒带四季皆冷。

不同季节的气温、降水、光照等气候条件不同（温带地区尤其明显），人们所能从事的农事活动不同，进而衍生出的民俗传统、文化情趣及生活作息等也不尽相同，二十四节气应运而生。二十四节气包括立春、雨水、惊蛰、春分、清明、谷雨、立夏、小满、芒种、夏至、小暑、大暑、立秋、处暑、白露、秋分、寒露、霜降、立冬、小雪、大雪、冬至、小寒和大寒。为了方便记忆，人们按照春夏秋冬四季转换的顺序，将其编成了歌诀（图 1.1.4）。

二十四节气内容丰富，逻辑严密，具有结构化的知识特征，涉及范围大致可以分为三类：第一类是表明季节的，如二至（夏至和冬至）、二分（春分和秋分）、四立（立春、立夏、立秋和立冬）；第二类是反映气候特征的，

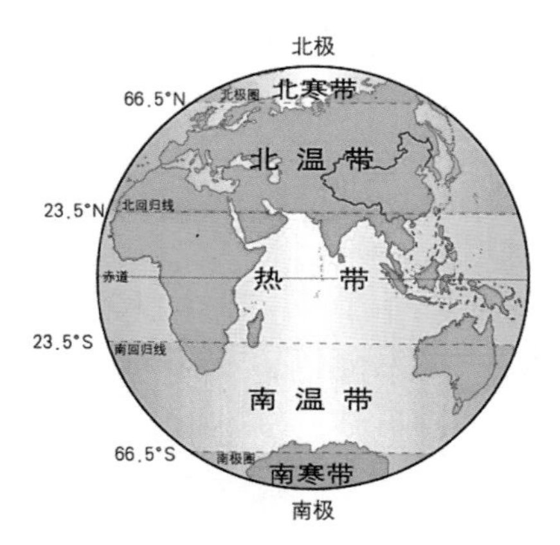

图 1.1.3　五带划分图

春雨惊春清谷天，
夏满忙夏暑相连，
秋处露秋寒霜降，
冬雪雪冬小大寒。
每月两天日期定，
最多相差一两天，
上半年来六廿一，
下半年是八廿三。

图 1.1.4　二十四节气歌诀

如反映温度变化的大暑、小暑、大寒、小寒等，反映降水变化的雨水、大雪、白露、霜降等；第三类是反映物候现象的，如小满、芒种、惊蛰、清明等。

二十四节气的诞生经过中国先祖漫长岁月的研制和总结。先秦时期，诸侯混战、天下动乱，科研条件及认知水平有限，二十四节气出现了部分名称和顺序，但理论体系一直没有确立。西汉时期，二十四节气在淮南王刘安及其门客编撰的《淮南子·天文训》中得以全部完成。淮南王刘安为王 42 年，都城为寿春，即现今安徽省淮南市寿县。寿县位于中国南北气候分界线，即秦岭—淮河一线的中点线上，四季温度差别相当显著，可谓天时、地利。汉朝的建立，结束了长期的战乱局面，经济恢复，文化繁荣，百家争鸣，可谓人和。

二十四节气与老百姓的生活密切相关，对于长期处于农耕社会的中国，大到可以预测未来半个月的气候气象，指导农业生产，或作为一个传统节日被庆祝；小到关乎民众衣食住行的每个细节，老百姓可以根据节气的变化来调整自己的作息和饮食。甚至此后中国的星宿、月亮、太阳运行、十二音律、十二时令及农学著作的编纂，都受到二十四节气的重要影响。

为研究天、地、人细微变化的具体标志性物象，人们对二十四节气进行分类，形成七十二物候。一年分为四季（四时为岁），每季有六个节气（六气为时），每个节气有三个物候（三候为气），每个物候约为五天（五日为候）。中国古代历史文献汇编的《逸周书·时训解》完整归纳了七十二物候现象，使二十四节气与物候之间的联系更加规范细致，也使中国农耕社会的百姓用起来更加方便。

二十四节气于汉武帝太初元年被编入国家历法体系，至今不仅为中国人民所喜爱，还流行于东亚、南亚各国，至今仍被各国民间所采用。2016 年 11 月 30 日，联合国教科文组织把中国申报的二十四节气列入人类非物质文化遗产代表作名录中。

第二节　春雨惊春清谷天

一年之计在于春。春季的美好，在于一场春雨一场暖；在于春雷乍响，万物复苏；在于杨柳依依，草长莺飞，欣欣向荣，气清景明；在于雨生百谷，人们对未来充满着无限的渴望与希冀。

春季包含的立春、雨水、惊蛰、春分、清明、谷雨六个节气，地球由黄经 315° 运行至黄经 45° ，每年阳历 2 月 4 日前后到 5 月 5 日前后。

立春为春季的第一个节气，每年阳历 2 月 4 日前后到 2 月 18 日前后，地球由黄经 315° 运行至黄经 330° （黄经是黄道上的度量坐标，常以春分为起点，自西向东度量，将 360° 划分为 24 等份，每份 15° ，每 15° 为一个节气）。

“立”即开始，“立春”为春季之始。立春分为三候，一候东风解冻（图 1.2.2），二候蛰虫始振（图 1.2.3），三候鱼陟负冰（图 1.2.4）。一候，温暖的东南风逐渐强劲，吹向寒冷的西北部，东风送暖，大地解冻。二候，冬季蛰居的虫类感受到温暖将至，慢慢苏醒。三候，气温升高，河底含氧量下降，冬季潜游河底的鱼开始上浮，河面整块河冰融化成的碎冰，如同被鱼负着浮在水面上。

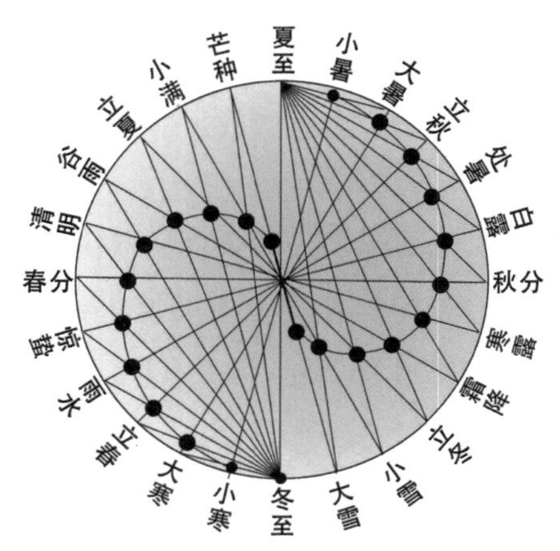

图 1.2.1　二十四节气在黄经分布

气候学以连续 5 日平均气温在 10℃以上为春季，立春除了中国东南地区真正进入春季，其余地区仍

图 1.2.2　东风解冻

图 1.2.3　蛰虫始振

以冬色为主。但中国大多数地区在立春时节有迎春的民俗，如中国传统的春节常常在立春之后。

东风既解冻，散而为雨矣。东风带来的暖湿气流日渐北上，除了送来暖意，还与北部冷空气相遇，送来湿意，一场春雨一场暖，便是从雨水这个节气开始的。雨水为春季的第二个节气，每年阳历 2 月 18 日前后到 3 月 6 日前后，地球由黄经 330° 运行至黄经 345° 。

雨水分为三候，一候獭祭鱼（图 1.2.5），二候候雁北（图 1.2.6），三候草木萌动（图 1.2.7）。一候，鱼群浮至水面，为水獭带来鱼汛，水獭

图 1.2.4　鱼陟负冰

图 1.2.5　獭祭鱼

图 1.2.6　候雁北

图 1.2.7　草木萌动

捕到鱼后，会先铺陈至岸边，再大快朵颐，该习性如同水獭“感念”上苍带来大量食物，将鱼摆在岸边先祭后食。二候，气温由我国南方向北逐渐回升，南方过冬的大雁开始向北途经我国飞回到西伯利亚繁衍下一代。三候，“润物细无声”，地下的植被在足够的气温及水分的滋养下，开始抽出嫩芽，呈“草色遥看近却无”之态。

受雨带（雨带指南方暖湿气流与北方干冷气流相遇，形成东西向带状的降水区域）移动的影响，中国南、北方地区的雨水期间，降水状况常常是不同的。北方地区的农民常常因为雨带未到，雨水不足，不能满足农业生产需要，称“春雨贵如油”；南方地区因“七九八九雨水节”，常会搞好清沟沥水工作，以防春雨过多而烂根的现象，又称“种田老汉不能歇”。雨水期间，不同地区的农民虽还未正式耕作，却也会因气温升高、雨水初至而为即将到来的耕作做准备。

春雷乍响，惊醒蛰伏冬眠的动物，即惊蛰。惊蛰为春季的第三个节气，每年阳历 3 月 6 日前后到 3 月 21 日前后，地球由黄经 345° 运行至黄经 0°。

惊蛰分为三候，一候桃始华（图 1.2.8），二候仓庚鸣（图 1.2.9），三候鹰化为鸠（图 1.2.10）。一候，于严冬蛰伏的桃花花芽，当温度达到 10℃以上，如空气湿度适宜，便会一夕绽放，呈灼灼其华之态。二候，仓庚，即黄莺，仓，清也，庚，新也，黄莺感春阳清新之气而初出，“两个黄鹂鸣翠柳，一行白鹭上青天”，可见古人对仓庚带来的美好春天的向往。三候，惊蛰前后，温度适宜，食物渐足，动物开始交配繁殖。鹰和鸠的繁育途径大不相同，鹰一般寻觅隐蔽区域繁育后代，而冬季蛰伏的鸠通过鸣叫求偶，

图 1.2.8　桃始华

图 1.2.9　仓庚鸣

图 1.2.10　鹰化为鸠

古人不见鹰的同时，周围的鸠突然增多，便认为是鹰化为鸠。

由于中国南北跨度大，惊蛰期间，各地春雷始鸣的时间是不一样的，南方每年 1 月底即可闻雷，北方要到 4 月下旬，只有长江沿线的江南地区才大致与“惊蛰始雷”相吻合。因此，大多数冬眠的动物不是闻雷惊醒，而是天气变暖，大地回春，食物充足，“惊喜而出走”的。“春雷惊百虫”，杂草蔓延，因此，惊蛰期间，传统民俗常有避百虫、吃炒虫等，有些地方将小人喻为蛇虫鼠蚁，故也有打小人之说。

分者，半也，春分，是春季 90 天的中分点，为春季的第四个节气，每年阳历 3 月 21 日前后到 4 月 5 日前后，地球由黄经 0° 运行至黄经 15° 。

春分分为三候，一候元鸟至（图 1.2.11），二候雷乃发声，三候始电（图 1.2.12）。一候，元鸟，又称玄鸟，即燕子，春分时节，燕子从温暖的南方，

图 1.2.11　元鸟至

图 1.2.12　始电

飞到中国黄河、淮河、长江流域等相对凉爽的地区，秋分前后又飞回南方，故曰“玄鸟氏，司分者”。二候、三候，“阴阳相薄，感而为雷，激扬为电”，气温升高，暖湿气流上升，与高空冷气团相遇，降水增加，并伴有闪电和隆隆雷声。

春分过后，太阳直射点直射北半球，北半球各地昼长夜短，中国各地日均温基本稳定在0℃以上。“春分麦起身，一刻值千金”，春分之后，古代政府大多会停止征伐、戍边，以农事活动为主。不同地区春分时的气温、降水有所区别，农事活动也相应不同，华北地区降水较少，但农耕需水量大，所以要做好蓄水准备；华南常有寒潮入侵，形成持续数天的阴雨天气，农民多以烟熏的手段，保护刚入土的作物不受低温冻害的影响。

“万物生长此时，皆清洁而明净。故谓之清明。”清明，仲春与暮春之交，为春季的第五个节气，每年阳历4月5日前后到4月21日前后，地球由黄经15°运行至黄经30°。

清明分为三候，一候桐始华（图1.2.13），二候田鼠化为鴽（rú，图1.2.14），三候虹始见（图1.2.15）。一候，桐花花期晚，桐花绽放最盛之时，也是三春之景绚烂至极致之时，预示着动物繁衍和植物花期即将进入尾声。二候，清明时节天清地明，田鼠喜阴凉，便躲在地里不再出来；鴽是鹌鹑类的小鸟，多以地上植物种子、幼芽、嫩枝为食，清明时节正是鴽繁衍生息的好时节。三候，清明之后，局部地区常因大气中水汽充足，气流上升而形成对流雨（对流雨是由于局部地区气温高，蒸发旺盛，空气受热膨胀上升，至高空冷却，凝结成雨），雨后天晴，形成彩虹。

图1.2.13　桐始华

图1.2.14　田鼠化为鴽

图1.2.15　虹始见

清明时节，中国大部分地区日均温在12℃以上，杨柳始青，一扫冬日之萎靡，处处明朗清秀，故多有春游、荡秋千、放纸鸢、蹴鞠等活动。“清明时节雨纷纷”，在此期间种下的植被存活率也较高，因此正是春耕春种的大好时间，也多植树插柳养蚕等活动。当然，清明活跃的不止植被，还有昆虫等。因此，在清明期间，农业生产也多病虫防治、花期授粉等工作。

清明节扫墓也是清明时节的传统节日，但其实清明扫墓与清明这一节气关系甚微，清明前一日是寒食节，寒食节是为纪念介子推而设立，由于两个节日相近，到了隋唐年间，清明节和寒食节整合为同一个节日，才有了清明扫墓的传统。

“杨花落尽子规啼”，时至暮春，谷得雨而生。谷雨为春季的最后一个节气，每年阳历4月21日前后到5月5日前后，地球由黄经30°运行至黄经45°。

谷雨分为三候，一候萍始生（图2.16），二候鸣鸠拂其羽（图2.17），三候戴胜降于桑（图2.18）。一候，浮萍为水生植物，谷雨过后降雨量增多，浮萍开始生长。二候，鸣鸠拂其羽，四海皆阳春，鸣鸠又称为斑鸠，拂动翅膀，提醒人们做好播种准备了，故有些地区鸣鸠也称为布谷鸟。三候，谷雨过后，桑树开始进入旺盛的生长期，戴胜鸟通常在桑树上孵育幼雏。

谷雨时节，寒潮基本结束，气温迅速回升，降水充足，十分有利于农作物生长。适量的雨水有利于越冬谷类拔节返青，尤其是黄河中下游地区。但同时，谷雨时节病虫害也进入高繁殖期，因此，农家多灭虫，禁五毒。

图 1.2.16　萍始生

图 1.2.17　鸣鸠拂其羽

图 1.2.18　戴胜降于桑

第三节　夏满芒夏暑相连

夏，假也，假，大也，夏季万物茁壮成长。中国的夏季高温多雨，特别适合作物生长。为了保证一年的好收成，炎炎夏日离不开农民面朝黄土背朝天，为了保证在短暂的夏季多种几茬作物，很多地区年年上演着“忙种”。

夏季包含立夏、小满、芒种、夏至、小暑、大暑六个节气，地球由黄经 45° 运行至黄经 135° ，每年阳历 5 月 5 日前后到 8 月 8 日前后。

立夏，夏季之始，为夏季的第一个节气，每年阳历 5 月 5 日前后到 5 月 21 日前后，地球由黄经 45° 运行至黄经 60° 。

立夏分为三候，一候蝼蝈鸣（图 1.3.1），二候蚯蚓出（图 1.3.2），三候王瓜生（图 1.3.3）。一候，蝼蝈，又称土狗子，喜温湿但疏松的土壤，立夏初候，温度和降水适中，适宜地下蝼蝈繁衍，且蝼蝈喜食发芽的种子、幼苗及根部，北方地区刚播种的春季作物，多以蝼蝈为害。二候，蚯蚓是非常典型的夏季生物，“曰阴而屈者，乘阳而伸，见也”，随着温度升高，冬季屈伏的蚯蚓在乘着立夏的阳光打开身结，破土而出。三候，立夏末期是王瓜花期的始期，藤蔓生长迅速。

图 1.3.1　蝼蝈鸣

图 1.3.2　蚯蚓出

图 1.3.3　王瓜生

气候学以日平均气温稳定达到22℃以上为夏季的开始，立夏时期，中国只有南岭一线以南地区真正进入夏季，而东北和西北则刚刚进入春季，全国大部分地区平均气温在20℃以下。但“立夏看夏”反映出立夏节气对未来农业生产的预示作用，立夏期间冬季作物进入生长后期，作物生长基本定局；立夏也是春季作物大面积播种的关键时期，雨水的早迟及雨量的多少与日后收成息息相关。

小满者，物致于此小得盈满，冬季作物虽未完全成熟，却已开始饱满。小满为夏季的第二个节气，每年阳历5月21日前后到6月5日前后，地球由黄经60° 运行至黄经75° 。

小满分为三候，一候苦菜秀（图1.3.4），二候靡草死（图1.3.5），三候麦秋至（图1.3.6）。一候，感火之气而苦味成，可见苦菜成熟于阳气渐盛时期，而此时，小麦未完全成熟，青黄不接，古时便多以苦菜接济青黄，《尔雅》曰“不荣而实者谓之秀，荣而不实者谓之英。”其中不荣而实者说的便是苦菜；二候，阳气盛则阴气衰，喜阴的靡草地便逐渐枯萎；三候，百谷成熟，麦之秋已至，虽然时间还是夏季，但对于冬小麦来说，却到了成熟的“秋季”，是谓小满十日遍地黄。

小满期间，长江中下游地区雨水的多少可预示今年夏、秋季节降水的多少。中国东部为季风气候，降水的多少由夏季风的强弱决定。正常年份，3、4月份雨带位于中国华南地区，6、7月份位于中国长江中下游地区，8、9月份位于中国华北和东北地区。但当来自太平洋上的夏季风过强，雨带就会略过华南地区，直接到达中国北方地区，造成中国北涝南旱；反之，暖

图1.3.4　苦菜秀

图1.3.5　靡草死

图1.3.6　麦秋至

湿气流过弱，雨带就会滞留在我国南方地区，造成中国北旱南涝。小满期间，长江中下游地区如果降水偏少，可能预示这该年夏季风偏弱，南方地区需提前做好防旱准备，比如浙江海宁一带在小满会举行传统的“抢水”仪式，反之，北方地区则需做好防涝的准备。

芒种、忙种，连收带种，长江流域“栽秧割麦两头忙”，华北地区“收麦种豆不让晌”，一方面是说芒种季节是大忙的季节，另一方面是说，芒种是带芒的冬季作物收获兼播种。芒种为夏季的第三个节气，每年阳历6月5日前后到6月21日前后，地球由黄经75°运行至黄经90°。

芒种分为三候，一候螳螂生（图1.3.7），二候鵙（jú）始鸣（图1.3.8），三候反舌无声（图1.3.9）。古曰，盛极而衰，芒种时节虽为阳气大壮之时，也伴有阴气即将初生。一候，螳螂去年深秋产的卵因感受到阴气初生破壳而出。二候，鵙，为伯劳鸟，喜阴，故感阴而开始在枝头啼鸣；三候，反舌，即乌鸦，因感阴而停止鸣叫，也有说乌鸦在芒种结束繁殖，便减少了求偶鸣叫。

芒种过后，中国除了极北的黑龙江和海拔极高的青藏高原外，全国各地均进入夏季。长江中下游地区及华北部分地区即将进入雨季，因此，必须抓紧一切时间收割冬小麦，以防小麦因不能及时收割而泡雨变成“烂麦场”。收割完小麦后需及时种下水稻，以迎接即将到来的雨季。

夏至，至，极也，夏至意味着炎热天气的正式开始。夏至为夏季的第四个节气，每年阳历6月21日前后到7月7日前后，地球由黄经90°运行至黄经105°。

图1.3.7　螳螂生

图1.3.8　鵙始鸣

图1.3.9　反舌无声

图 1.3.10　鹿角解

图 1.3.11　蜩始鸣

图 1.3.12　半夏生

夏至分为三候，一候鹿角解（图 1.3.10），二候蜩始鸣（图 1.3.11），三候半夏生（图 1.3.12）。一候，鹿角属阳，夏至阳气初衰、阴气萌动，鹿角便会脱落，解角新茸，故古代常用之比喻自然界万物更替；二候，蜩（tiáo）即蝉，夏至过后，草木渐渐变得阴湿，适合蝉的生存，雄性蝉感阴气而生，鼓翼而鸣；三候，喜阴的半夏，出现在沼泽或水田等阴凉处。

俗话说，吃过夏至面，一天短一线。夏至这一天，北半球白昼达到一年最长。夏至过后，太阳直射点南移，北半球白昼逐渐缩短。夏至过后一个月左右，气温高，地面受热强烈，空气对流旺盛，午后至傍晚常形成阵雨或暴雨天气，骤来疾去，降雨范围小，戏称“夏雨隔田坎”。

暑，热也，热分大小，月初为小，月中为大，小暑为小热，为三伏之头伏，虽未达到最热，却也预示着一日热三分。小暑为夏季的第五个节气，每年阳历 7 月 7 日前后到 7 月 22 日前后，地球由黄经 105° 运行至黄经 120°。

倏忽温风至，因循小暑来。竹喧先觉雨，山暗已闻雷。户牖深青霭，阶庭长绿苔。“鹰鹯（zhān）新习学，蟋蟀莫相催。”元稹《小暑六月节》道出小暑分为三候，一候温风至（图 1.3.13），二候蟋蟀居宇（图 1.3.14），三候鹰始鸷（zhì，图 1.3.15）。一候，温风，实为炎风，小暑过后，大地凉风不在，多为热浪阵阵，直至夜幕降临，方有纳凉之意；二候，蟋蟀七月在野、八月在宇，随着小暑到来，田野中的蟋蟀逐渐迁居于庭院墙角下避暑；三候，过高的地面气温使得老鹰更多选择清凉的高空，另有说，鹰

图 1.3.13　温风至

图 1.3.14　蟋蟀居宇

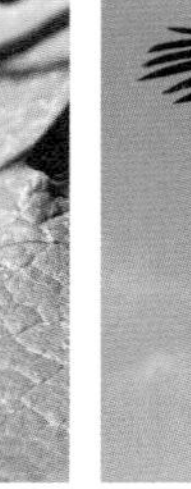

图 1.3.15　鹰始鸷

感知阴气渐盛，雏鹰开始练习搏击长空之技能，以搏鸷也。

小暑高温多雨的天气对水田作物生长是十分有利的，是谓小暑不热，五谷不结。但小暑多暴雨，常常伴有大风、冰雹，也易于害虫盛发，极易造成自然灾害。

大暑，为三伏之中伏，非常热，中国南方地区由于湿度大，更是闷热难当。中国除青藏高原及东北地区，最高温稳定在 35℃左右，近年来，部分地区甚至超过 40℃。大暑为夏季的第六个节气，每年阳历 7 月 22 日前后到 8 月 8 日前后，地球由黄经 120° 运行至黄经 135° 。

大暑分为三候，一候腐草为萤（图 1.3.16），二候土润溽暑（图 1.3.17），三候大雨时行（图 1.3.18）。一候，萤火虫分为水生和陆生两种，陆生的萤火虫多将卵产于枯草之上，大暑时节，萤火虫卵化而出，古人则认为萤火虫是腐草变成的；二候，大暑，火气在下，骄阳在上，上蒸下煮，熏蒸其中，土地变得十分潮湿；三候，大暑期间，湿气积聚，时常有大暴雨出现，同时，阵阵大雨使暑温减弱，天气开始向秋季过渡。

图 1.3.16　腐草为萤

图 1.3.17　土润溽暑

图 1.3.18　大雨时行

大暑虽热，却也是农作物生长最快的节气，尤其喜热喜光的作物。生长快，对水分的要求也更高，因此，农业生产需提防气温过高导致的干旱，是谓“小暑雨如银，大暑雨如金”。对于南方一些种植双季稻的地区，更是到了“双抢”季节，“大暑不割禾，一天少一箩”，为了减少后期风雨造成的危害，同时为晚稻争取更多的生长期，农民多根据天气变化，晴天多割，阴天多栽，确保立秋前栽完晚稻。

第四节　秋处露秋寒霜降

秋季，万物走向萧瑟，常有悲寂寥之感伤。秋季，也是如火如荼的庄稼丰收的季节，暑去凉来，碧空万里，风和日丽，秋高气爽，丹桂飘香，蟹肥菊黄，春、夏两季的辛劳在此季节得到圆满。

秋季包含立秋、处暑、白露、秋分、寒露、霜降六个节气，地球由黄经 135° 运行至黄经 225° ，每年阳历 8 月 8 日前后到 11 月 7 日前后。

立秋，秋季之始，暑去凉来，三伏天进入末伏。气候学以日平均气温稳定降至 22℃以下为秋季的开始，但由于中国南北纬度跨度大，东西海拔差别大，因此全国各地不可能同时进入秋季，甚至很多地区由于盛夏余热未消而有“秋老虎”之说。立秋为秋季的第一个节气，每年阳历 8 月 8 日前后到 8 月 23 日前后，地球由黄经 135° 运行至黄经 150° 。

立秋分为三候，一候凉风至（图 1.4.1），二候白露生（图 1.4.2），三候寒蝉鸣（图 1.4.3）。一候，立秋过后，风中虽充斥着热气，却也夹杂着凉爽。二候，秋高气爽的节气，到了夜晚，地面迅速降温，使得近地面的水汽受冷凝结，形成轻薄的雾气。三候，寒蝉也称秋蝉，不同于夏蝉叫

图 1.4.1　凉风至

图 1.4.2　白露生

图 1.4.3　寒蝉鸣

声热烈奔放，寒蝉叫声低沉凄切，甚至渐渐听不清，故称“噤若寒蝉”。

秋，源自禾苗可上灶，暗指禾谷成熟。立秋时期，禾苗未完全成熟，尤其是上一个节气种下的晚稻，生长还处于关键时期，因此，对水分的要求还很迫切，是谓“立秋雨淋淋，遍地是黄金”。而随着太阳直射点南移，中国北方干冷空气势力渐强，阵阵南下，与南方暖湿空气相遇，形成一场秋雨一场寒，为作物生长带来及时水分的同时，也导致了气温日降。此外，趁着秋高气爽，农民会将早先成熟的作物拿出来晒秋，除去水分，增加作物保存时间，为入冬储物做好准备。

处，去也，处暑，也谓出暑，即炎热的暑天即将过去，最热的三伏天结束，中国东北及西北地区进入气象意义上的秋天，其余各地虽受“秋老虎”的余威，但气温下降会逐渐明显。处暑为秋季的第二个节气，每年阳历 8 月 23 日前后到 9 月 7 日前后，地球由黄经 150° 运行至黄经 165°。

处暑分为三候，一候鹰乃祭鸟（图 1.4.4），二候天地始肃（图 1.4.5），三候禾乃登（图 1.4.6）。一候，老鹰开始大量捕猎鸟类，为即将到来的寒冷冬季作准备。二候，天地之间由于寒气渐盛，万物凋零，有了清冷的肃杀之气。三候，百谷丰登，登，即成熟，处暑之后，作物开始成熟。

处暑过后，中国大部分地区天气晴朗，昼夜温差大，十分有利于农作物营养物质的积累，庄稼成熟快，有“处暑禾田连夜变”之说。因此，农民会将未完全成熟作物及时追肥保墒，以保证作物快速生长之需，成熟的作物及时收割，以防秋雨浸泡烂场，是谓“立秋下雨人欢乐，处暑下雨万

图 1.4.4　鹰乃祭鸟

图 1.4.5　天地始肃

图 1.4.6　禾乃登

图 1.4.7　鸿雁来

图 1.4.8　元鸟归

图 1.4.9　群鸟养羞

人愁”。

五行中，秋为金，金色白，天气转凉，阴气渐重，露凝为白，是为白露。从科学上来讲，当空气中水汽含量饱和，在地面或地物的表面气温过低时，近地面的水汽就会凝结，形成露。白露为秋季的第三个节气，每年阳历 9 月 7 日前后到 9 月 23 日前后，地球由黄经 165° 运行至黄经 180° 。

白露分为三候，一候鸿雁来（图 1.4.7），二候元鸟归（图 1.4.8），三候群鸟养羞（图 1.4.9）。一候，鸿雁为躲避北方冬季的严寒，开始飞往南方避寒。二候，玄鸟司分，燕子春分来，在秋分到来之前，飞往南方过冬；三候，羞，即“馐”，非候鸟的百鸟为了度过严冬也开始准备过冬的粮食。

白露时节，晴朗的白天使中国多地，尤其是南方地区白昼温度仍然可达 30℃左右，但夜晚温度可降至 20℃以下，且一夜冷于一夜。南方地区雨带的回归可大大缓解前期缺水的状况，“白露白迷迷，秋分稻秀齐”，便是说白露及时至，则晚稻在秋分便会有好收成。

秋分，是秋季 90 天的中分点，为秋季的第四个节气，每年阳历 9 月 23 日前后到 10 月 8 日前后，地球由黄经 180° 运行至黄经 195° 。古曰，秋分者，阴阳相半也，故昼夜均而寒暑平。秋分过后，北半球各地昼短夜长，昼夜温差逐渐加大，日气温降至 22℃以下，逐渐步入深秋。（图 2.1）

秋分分为三候，一候雷始收声（图 1.4.10），二候蛰虫坯户（图 1.4.11），三候水始涸（图 1.4.12）。一候，与春分相反，秋分之后，阴盛阳衰，不再有雷声；二候，蛰虫多指土鳖虫，大多昼伏夜出，秋分之后多会毁坏房屋以为自身蛀出冬眠场所；三候，秋分过后，全国大部分地区雨季结束，

图 1.4.10 雷始收声

图 1.4.11 蛰虫坯户

图 1.4.12 水始涸

东部地区河流水降水补给减少，西部地区由于气温下降，河流冰川水补给减少，中国河流水进入枯水季。

秋分时节的“三秋”大忙格外紧张，“秋收”，收的是一年中最后一季作物，如晚稻，收割进入尾声，此时低温阴雨会对产量产生极大的威胁，如“秋分不露头，割了喂老牛”，就是说受秋分冷空气影响的晚稻只能给老牛作口粮；而对于越冬作物而言，秋分时节就是秋耕、秋种的主要时期。秋分尽管很忙，但也夹杂着老百姓丰收的喜悦，所以多祭祀活动，如中秋祭月，意味着收成丰满人团圆。

露气寒冷，将凝结也，即为寒露，常作为天气由凉转冷的标志，北方一些地区甚至出现初霜和初雪。寒露为秋季的第五个节气，每年阳历 10 月 8 日前后到 10 月 23 日前后，地球由黄经 195° 运行至黄经 210° 。

寒露分为三候，一候鸿雁来宾（图 1.4.13），二候雀入大水为蛤（图 1.4.14），三候菊有黄华（图 1.4.15）。一候，鸿雁以仲秋先至者为主，季秋后至者为宾，寒露时期，最后一批鸿雁规模南迁；二候，雀鸟或迁徙或冬藏，基本消失不见，而蛤蜊多为夏季繁殖，寒露长成，因此，海边出现

图 1.4.13 鸿雁来宾

图 1.4.14 雀入大水为蛤

图 1.4.15 菊有黄华

了许多与雀鸟颜色相似的蛤蜊，古人称之雀入大水为蛤；三候，菊花普遍开放，后为多以“黄华”代指菊花，为了去除秋燥，有些地方会有饮用菊花酒的习俗。

寒露之后，全国各地雨季基本结束，为了保证冬季作物在霜降前播完，常常需要造墒抢墒播种；棉花也需要趁着天晴尽快采收，是谓“寒露不摘棉，霜打莫怨天”。寒露期间最重要的节日便是重阳节，登高赏菊插茱萸是重阳节的重要活动。寒露以后，中国大部分地区受冷高压的控制，盛行下沉气流，因此古人以登高避开下沉浊气，感受高处秋高气爽的清气；茱萸是一种常绿带香的植物，具备杀虫消毒、逐寒祛风的功能。

露水凝结则为霜。霜降为秋季的最后一个节气，每年阳历 10 月 23 日前后到 11 月 7 日前后，地球由黄经 195° 运行至黄经 210°。霜是指贴近地面空气中的水汽受地面辐射冷却的影响而降温到霜点以下，在地面或物体上凝华而成的白色冰晶。霜降始霜通常反映的是黄河流域的气候特征，受纬度分布的影响，中国的始霜大致由南方地区往北方地区逐渐提前。

霜降分为三候，一候豺乃祭兽（图 1.4.16），二候草木黄落（图 1.4.17），三候蛰虫咸俯（图 1.4.18）。一候，与獭祭鱼相似，霜降初候，豺狼会大肆捕猎，将捕完的猎物陈列保存，为过冬作准备。二候，霜降过后，植物为了减少冬季水分和热量的损耗，叶片逐渐泛黄凋落。三候，与惊蛰相反，蛰虫身体储备足够能量后，会垂头不动不食，进入冬眠状态。

古语常说“霜降杀百草”，所以农民通常会在霜降来临之前，将秋收完成扫尾，越冬作物完成播种，否则即使在霜降期间存活下来的农作物品

图 1.4.16　豺乃祭兽

图 1.4.17　草木黄落

图 1.4.18　蛰虫咸俯

质也很差，如霜打茄子会焉。部分果蔬为了迎冬抗冻进行自我保护，将淀粉和霜中的水相互作用形成了麦芽糖，使果实甜美，营养价值提高，如柿子。而为了保护不能经受霜冻的作物，农民大多会焚烧木灰，以增加大气的保温作用。

第五节　冬雪雪冬小大寒

冬季来临，草木凋零，蛰虫休眠，万物收藏，规避寒冷，白雪茫茫，数九寒天接踵而至，天地万物看似失去生机，实则养精蓄锐，感知每一丝春天的气息，孕育来年的欣欣向荣。

冬季包含立冬、小雪、大雪、冬至、小寒、大寒六个节气，地球由黄经 225° 运行至黄经 315° ，每年阳历 11 月 7 日前后到 1 月 20 日前后。

立冬，冬季之始，为冬季的第一个节气，每年阳历 11 月 7 日前后到 11 月 22 日前后，地球由黄经 225° 运行至 240° 。

立冬之后，日照时间仍持续缩短，但地表仍积蓄一定的热量，所以初冬时节的气温不是很低，但随着冷空气的活动逐渐增多，气温骤降。

立冬分为三候，一候水始冰（图 1.5.1）；二候地始冻（图 1.5.2）；三候雉入大水为蜃（图 1.5.3）。一候，气温持续降低，当气温降至 0℃以下时，我国北方一些浅塘和静水开始结冰，形成薄薄的冰层，而一些大河由于水处于不断流动的状态，还未结冰。二候，随着气温进一步降低，土壤中所含的水分被逐渐凝结，在地表形成一层薄薄的冻土层。三候，立冬后，

图 1.5.1　水始冰

图 1.5.2　地始冻

图 1.5.3　雉入大水为蜃

野鸡隐匿起来，但在河流浅滩上可以看见大蛤，其外壳和野鸡的线条和颜色非常相近，古人认为野鸡入水变成了大蛤。

气候学常以平均气温降到10℃以下为冬季，立冬为冬只是与黄淮地区的气候特征基本吻合。我国幅员辽阔，除全年无冬的华南沿海和长冬无夏的青藏高原地区外，各地的冬季开始时间是不一致的。因此立冬期间，华南才是种麦正当时，但由于入冬后大气中水汽含量少，昼夜温差大，为防止“旱助寒威”，需及时开好田间“丰产沟”，清沟排水，防止冬季涝渍与冰冻危害。

小雪为冬季的第二个节气，每年阳历11月22日前后到12月7日前后，地球由黄经240° 运行至255° 。

《群芳谱》曰：“小雪气寒而将雪矣，地寒未甚而雪未大也。”说的是由于小雪期间天气寒冷的尚不够明显，加之大气中水汽含量少，故雪量不大，常常是半冰半融状态，得名小雪。小雪反映了该节气期间的寒潮和冷空气活动频繁，常有大规模的冷空气南下，给我国带来大范围的大风降温天气。

小雪分为三候，一候虹藏不见（图1.5.4），二候天气上升地气下降（图1.5.5），三候闭塞而成冬（图1.5.6）。一候，由于气温降低，空气变得更为寒冷干燥，当气温降至0℃以下时降雨变成了降雪，空气中水汽少，彩虹也就不会出现了。二候，古人认为“天气”为阳，“地气”为阴，小雪过后，阳气上升，阴气下降，天地不通，阴阳不交，万物失去生机，一片萧瑟肃杀的景象。三候，此时大地一片寂静，天地闭塞迎来真正的寒冬。

图1.5.4　虹藏不见

图1.5.5　天气上升地气下降

图1.5.6　闭塞而成冬

下雪虽然寒冷，但小雪落雪，预示雨水均匀，来年便不会有大的旱涝，此外，低温可以把一些病菌和害虫冻死，减轻来年作物的病虫害，积雪也可以促使土壤中的有机物分解从而增强土壤肥力。因此便有了“瑞雪兆丰年”这一说法。小雪过后，气温骤降，天气变得很干燥，正是加工腊肉的好时候，利于食物的储藏。

大雪，至此而雪盛也，标志仲冬时节的正式开始，为冬季的第三个节气，每年阳历 12 月 7 日前后到 12 月 21 日前后，地球由黄经 255° 运行至 270° 。

大雪不是指降雪量一定很大，而是寓意天气变得更为寒冷，降雪的概率比小雪时更大。我国受强冷空气侵扰最多的月份一般在农历十一月左右，强冷空气来袭后，北方大部分地区平均气温大致在—20℃到—5℃之间，在南方地区也会出现降雨或者霜冻现象。在强冷空气的影响下，往往会形成大范围的降雪或者局部暴雪，但由于大气中水分含量少，降雪量一般不是一年当中最大的。

大雪分为三候，一候鹖鴠（hé dàn）不鸣（图 1.5.7），二候虎始交（图 1.5.8），三候荔挺出（图 1.5.9）。一候，因为天气寒冷，飞禽走兽了无踪迹，连寒号鸟也不再鸣叫。二候，此时为天地间阴气最盛的时候，所谓盛极而衰，阳气便有所萌动，老虎开始求偶。三候，荔挺是一种兰草，因阳气有所萌动，开始抽出新芽。

冬至为冬季的第四个节气，在每年阳历十二月二十二日前后交节，地球由黄经 270° 运行至 285° 。

图 1.5.7　鹖鴠不鸣

图 1.5.8　虎始交

图 1.5.9　荔挺出

图 1.5.10　蚯蚓结

图 1.5.11　麋角解

图 1.5.12　水泉动

冬至分为三候，一候蚯蚓结（图 1.5.10），二候麋角解（图 1.5.11），三候水泉动（图 1.5.12）。一候，蚯蚓是一种阴曲阳伸的生物，此时阳气虽已萌动生长，但阴气依旧十分强盛，土壤中的蚯蚓仍然处于蜷缩的状态。二候，古人认为麋头上的角是向后生长，代表阴，冬至过后，麋感受到阴气渐退，头上的角便开始掉落。三候，冬至过后，阳气初生，北半球的白昼变长，山中的泉水有融化流动之势，用手触摸还能感受到温热。

冬至过后，各地气候开始进入一个最寒冷的阶段，也就是人们常说的“进九”，冬至日是“数九”的第一天。我国除少数海岛和海滨地区，冬至期间将进入最冷的月份，故曰“冬至不过不冷”。由于我国冬季南北温差大，冬至期间，东北大地银装素裹，而华南已满目春光，应了那句“水国过冬至，风光春已生”。

“出门冰上走”寓意小寒之冷。小寒为冬季的第五节气，每年阳历一月五日前后，地球由黄经 285° 运行至 300°。

小寒十五天分为三候，一候雁北乡（图 1.5.13），二候雀始巢（图 1.5.14），三候雉始雊（图 1.5.15）。一候，古人认为大雁是一种顺阴阳而迁徙的动物，

图 1.5.13　雁北乡

图 1.5.14　雀始巢

图 1.5.15　雉始雊

图 1.5.16 鸡始乳

图 1.5.17 征鸟厉疾

图 1.5.18 水泽腹坚

小寒时阳气已生，大雁开始向北迁移。二候，北方地区，喜鹊随处可见，并开始筑巢。三候，雉感受到阳气开始鸣叫。

小寒时节，北半球白天吸收的热量少于夜晚的热量，因此北半球的气温依旧持续降低。由于我国幅员辽阔，南北跨度大，南北方气候的差异也十分显著。冬至过后，由于冷空气频繁南下，使得我国的大部分地区气温持续降低，到了小寒、大寒之际，气温降到最低，在我国北方地区小寒节气比大寒节气更冷，便有了“小寒胜大寒”一说，但南方地区最低气温依旧会出现在大寒节气。

大寒，寓意着天气寒冷到极致，为冬季的最后一个节气，每年阳历一月二十日前后，地球由黄经 300° 运行至 315° 。

大寒十五天分为三候，一候鸡始乳（图 1.5.16），二候征鸟厉疾（图 1.5.17），三候水泽腹坚（图 1.5.18）。一候，因为大寒之前太阳光照较少，使得母鸡产卵所需的维生素减少，所以极少下蛋；到了大寒节气，太阳光照增加，处于歇冬状态的母鸡便开始下蛋，孵化小鸡。二候，大寒时节天气变得更为寒冷，鹰隼要变得更加凶狠快速，才能抢夺更多的食物抵御寒冬。三候，河塘中央也会结冰，整个河塘冰面更为坚硬。

大寒期间，我国受源源不断补充的冷空气的影响，常带来大范围的降温以及大风雨雪天气，会出现持续低温的现象。北方地区由于天寒地冻，多忙于积肥堆肥、防寒防冻，为开春作准备；南方地区气温虽较北方高，但气候干燥，常根据作物不同习性，对田间作物进行适时浇灌。

第二章
“春华秋实”之花信风

宋代周辉词云“卷帘试约东君，问花信风来第几番”，表达了对春风到来，百花盛放的美好期待。俗话说：“花木管时令，鸟鸣报农时。”自然界的花草树木、飞禽走兽，都是按照一定的季节时令生长活动的，这与气候变化息息相关。从小寒开始，陆续有花木感时而发。古人根据物候的变化和花木生长的关系，从每一侯开花的花木中选出一个作为代表，总结出了二十四番花信风。本章内容，就是带着读者朋友领略春风吹拂下，二十四重花木次第开放的美景和其中蕴藏的科学知识。

古人认为，进入小寒节气后，就会开始吹“二十四番花信风”。花信风指的是带有开花音信的风，《吕氏春秋》里说，“风不来，则其花不成”，风守信而来，花应约而放。

我国古代以五日为一候，三候为一个节气。每年从小寒到谷雨（1月到4月）的八个节气里，共有二十四候。人们在二十四候每一候内开花的植物中，挑选一种花期最准确的植物为代表，叫作这一候中的花信风。二十四番花信风是：

小寒：一候梅花、二候山茶、三候水仙；

大寒：一候瑞香、二候兰花、三候山矾；

立春：一候迎春、二候樱桃、三候望春；

雨水：一候菜花、二候杏花、三候李花；

惊蛰：一候桃花、二候棠梨、三候蔷薇；

春分：一候海棠、二候梨花、三候木兰；

清明：一候桐花、二候麦花、三候柳花；

谷雨：一候牡丹、二候荼蘼、三候楝花。

从这一记载中，一年花信风梅花最先，楝花最后。经过二十四番花信风之后，以立夏为起点的夏季便降临了。

第一节　梅花香自苦寒来

“风有信，花不误，岁岁如此，永不相负。”古人的二十四番花信风不仅反映了花开与时令的自然现象，更重要的是可以利用这种现象掌握农时、安排农事。

花信风始于小寒，正是一年最冷的季节，傲霜斗雪的梅花最先报告春天的信息。小寒花信风三候，一候梅花，二候山茶，三候水仙。

背景知识

二十四番花信风之小寒三候，一候吹开梅花，二候吹开山茶，三候吹开水仙。也就是说从1月6日开始的五天里，风吹梅花开；再五天，山茶花开；再五天，水仙开……

梅花，小乔木，稀灌木，高4~10米。叶片卵形或椭圆形，灰绿色。花单生或有时二朵同生于一芽。花香味浓，先于叶开放。花萼通常呈红褐色，有些品种为绿色或绿紫色。花瓣白色、黄色至粉红色。果实近球形。花期冬春季，果期五至六月。

山茶，又名海榴、山茶花。碗形的花瓣，有的花瓣为单瓣有的呈重瓣，原始花种多为单瓣，而重瓣可以达到60片之多。茶花有不同程度的红、紫、白、黄各色花种，甚至还有彩色斑纹茶花。一至三月份通常为山茶盛放的时节。植株外形姿态优美，花枝甚至可高达4米，且花形也十分艳丽缤纷。

水仙花，又名中国水仙，属于石蒜科中一种多年生草本植物。水仙的叶由鳞茎顶端绿白色筒状鞘中抽出花茎（俗称“箭”）再由叶片中抽出。每个鳞茎通常可抽一至二枝花茎，甚至可达八至十一枝之多，其花序呈现伞状。花瓣的数量一般为六片，花瓣末处呈鹅黄色并且呈现碗一般的保护罩罩在花蕊外面。鳞茎卵状至广卵状球形，棕褐色皮膜覆盖在其外表。叶片狭长呈带状，蒴果室背开裂。花期冬至春季。水仙喜好温暖、湿润的环境。水仙鳞茎多液汁，汁液中含有石蒜碱、多花水仙碱等多种生物碱。

科学味道

1. 梅花为什么在冬天开花？

严格意义上，蜡梅在冬天开花，而梅花却开在早春。在一定的温度、湿度、光照等自然条件下，植物的种子才能发芽、开花以及结果。当然不同的植物生长所对应的自然条件也各不相同，只有当条件满足了，花才能开放。而梅花对温度就很敏感，所以梅花需要经过一定时期的低温过程，当平均气温在半个月内达到 6 摄氏度至 7 摄氏度时，梅花便可形成花芽，才能开花。“宝剑锋从磨砺出，梅花香自苦寒来。”便是很好的写照。梅花，不畏严寒，独步早春，赶在东风之前，向人们传递着春的消息，因此被誉为“东风第一枝”，这便是梅花的与众不同。

梅花作为中国十大名花之一，在严寒中开百花之先，独天下而春。其高洁、坚强、谦虚的美好品格，也不断激励着人们要立志奋发。

图 2.1.1　梅花

虽然梅花开在严寒中，但其耐寒性不强，所以在我国北方的部分地区是看不见梅花的。梅花也有许多的花色，例如紫红、粉红、淡黄、淡墨、纯白等。上万株成片的梅花，如泼洒的颜料，似朝霞般红艳，似瑞雪般雪白，似碧玉般青绿，疏枝缀玉缤纷怒放，形成梅海凝云、云蒸霞蔚的壮观景象。

2. 梅花为什么先开花后长叶?

图 2.1.2　梅花

在秋天的时候，有的植物就已经长出了花芽、叶芽、枝芽，并做好了充分的准备等待来年的开花、长叶。而这些植物的花芽、叶芽、枝芽在生长过程中对温度却有着不同的需求。有些植物叶芽和花芽的生长对温度的要求差异不大，因此花和叶差不多同时生长，例如桃树；而有的植物花芽比叶芽需求的温度更高，所以它们都是先长叶子再开花。而梅花的花芽比叶芽生长所需要的温度低，而初春的低温满足了其花芽生长的需要，但却不能满足叶芽生长的需要，直至温度逐渐升高，达到叶芽生长所需要的温度，才能开始慢慢长大成叶，所以梅花是先开花再长叶的植物。

3. 水仙、大蒜，傻傻分不清楚

水仙没开花之前，形态和大蒜几乎一样，他们有什么不同呢？从下面几点来区分。

图 2.1.3　大蒜

图 2.1.4　水仙花

①科目不同

水仙归类于石蒜科，属于观赏性植物，大蒜属于百合科植物。虽然两者叶子形态相似，但是水仙开花后是黄色的小花，而大蒜不会开花，却会长出蒜薹。

②根部不同

水仙有类似于大蒜的磷茎，但是这种磷茎类似于洋葱，一层包裹着一层，没有蒜瓣的存在，颜色呈白色或者褐色。而大蒜的磷茎除了有蒜瓣的形态，外皮颜色可分为紫色和白色两种。

③外观不同

水仙有长约 20~40 厘米的绿色叶片，花序呈伞状且带有 4 到 8 朵花。大蒜为浅根性根系，叶片部位包含了叶鞘和叶身，叶鞘大多呈管状并环伏在茎盘上，叶鞘经过多层的相互抱合后形成假茎。

④用途不同

水仙花不能食用，如果误食会产生严重的中毒反应。而大蒜则是一种常见食品，其大蒜头以及生长期间的蒜苗和蒜薹都可以供人食用，为人体提供多种营养成分。

4. 山茶花

山茶花是中国传统十大名花之一，于冬春之际开花，其他的花朵都尚未盛开，唯独它屹立于寒风中，花姿丰盈，端庄高雅，具有很高的观赏价值。山茶作为一种四季常绿的植物，花在绿色叶片的衬托下更能彰显出它的勃勃生机。重庆还选择山茶花作为自己的市花。

图 2.1.5　山茶花

山茶花不但是一种观

赏性极强的植物，花期也很长，而且是重要的蜜源植物，被提取出的天然蜜受人们喜爱。山茶的种子富含不饱和脂肪油，可以炼取天然的植物油，供人们食用；山茶花还能够提取碱来制作天然无公害的皂素；山茶花具有很强的吸收二氧化碳的功效，极具环保价值，随着城市环境污染严重，大面积种植山茶可以吸收空气中的烟雾，净化空气，对环境起到保护的作用。

图 2.1.6　山茶花

拓展延伸

1. 蜡梅和梅花的区别

蜡梅花一般开在农历腊月，颜色以蜡黄为主。蜡梅为灌木，叶对生，近革质，椭圆形，边缘全缘无锯齿，上表面粗糙，呈绿色，背面光滑呈灰色；枝丛生，而且枝直立，根颈部很发达，呈块状。

梅花比蜡梅晚开约两个月，有白、粉、深红、紫红等颜色。梅花为乔木，有主干，高达 10 米，常具枝刺，枝除直枝外，还有垂枝，树冠呈不规则圆头形。梅花叶互生，叶广卵形至卵形，长 4~10 厘米，先端长渐尖或尾尖，边缘具细锐锯齿，基部阔楔形或近圆形，幼时两面被短柔毛，后多脱落，成长的新叶仅在叶背面脉上有毛。

图 2.1.7　梅花

图 2.1.8　蜡梅

虽然蜡梅和梅花长在寒冬的枝条上样子相近，但蜡梅的香味要浓烈得多，而梅花大多数品种则无香味。

2. 小寒节气其他植物

图 2.1.9　羽衣甘蓝

图 2.1.10　角堇

图 2.1.11　酢浆草

图 2.1.12　蝴蝶兰

图 2.1.13　洋紫荆

第二节　兰花君子香大寒

花信风至大寒，大寒这个节气是一年中最冷的日子。大寒花信风三候，一候瑞香，二候兰花，三候山矾。

背景知识

大寒节气，虽然是在寒冷的晚冬，但是感知春天和阳光气息的花草已经开始萌动甚至开花，其中以瑞香、兰草和山矾为代表。

二十四番花信风之大寒三候，一候吹开瑞香，二候吹开兰花，三候吹开山矾。也就是说从大寒开始的五天里，风吹瑞香开；再五天，兰花开……

瑞香原产我国，是我国传统名花，分布于长江流域以南各省区，为瑞香科瑞香属常绿灌木，枝粗壮，通常二歧分枝，小枝近圆柱形，紫红色或紫褐色，无毛。因其植株矮壮，树形自然而潇洒，故又称蓬莱花、风流树。叶互生，质厚，长椭圆形；花蕾红色，开后淡白色，花小而多，香气芳醇持久，花期可提早到春节期间。瑞香花，其花虽小，却锦簇成团，花香清馨高雅，芳醇持久，具有很高的观赏价值。

图 2.2.1　瑞香

图 2.2.2　兰花

图 2.2.3　山矾

兰花为附生或地生草本植物，有数枚至多枚叶片，通常生于假鳞茎基部或下部节上，二列，带状或罕有倒披针形至狭椭圆形，基部一般有宽阔的鞘并围抱假鳞茎，有关节。总状花序具数花或多花，颜色多样，有白、白绿、黄绿、淡黄、淡黄褐色等。

山矾，别名尾叶山矾、芸香、七里香、郑花。属常绿灌木或小乔木，小枝和叶芽无毛。叶互生，广披针形，革质。叶似栀子，光泽坚强，略有齿，凌冬不凋。三月开花，繁白如雪，六出黄蕊，非常芳香。山矾结子大如椒，青黑色，熟则黄色，可食用。主要生长在江、淮、湖、蜀山野中。

科学味道

1. 兰花的分类

根据兰花的生活习性和生活方式，可以把兰花分为腐生兰、附生兰和地生兰三类。

腐生兰主要生长在地上，因为其自身没有绿叶和叶绿素，无法通过光照进行光合作用，所以主要是依靠真菌获取养分进行生长。腐生兰主要分布在温带和热带地区。

附生兰又称作着生兰或气生兰，依附于岩石、树干或树枝上，少数依附于苔藓、腐殖质生长，以气根方式从空气中获取水分和养分。

地生兰的根系为地生根。是指生长于地面土壤之中的兰花，所以叫地生兰，因为大部分品种原产于我国，因此也被称为中国兰。

图 2.2.4　腐生兰

图 2.2.5　附生兰

图 2.2.6　地生兰

按照地域划分，主要分为国兰和洋兰。

洋兰，属于附生兰。它兴起于西方，受西洋人的喜爱。主要品种有蝴蝶兰、卡特兰、石斛兰、文心兰等品种。

国兰也就是中国兰，属于地生兰，生长于地上。主要分为春兰、蕙兰、建兰、墨兰、寒兰、春剑、莲瓣兰等七类。它们各具特色，风姿卓雅、幽香清远，植株优美，花朵漂亮，深受人们喜爱。

2. 中国兰花的特点

兰花与梅花、竹子、菊花，号称“四君子”，在中国有一千余年的栽培历史，历来被中国人所喜爱。在中国传统名花中的兰花仅指分布在中国兰属植物中的若干种地生兰。这一类兰花具有质朴文静、淡雅高洁的气质，很符合东方人的审美标准。

（1）春兰

春兰是因为在春天开放，而得其美名。另外还叫草兰、朵兰、山兰、幽兰、葱兰、扑地兰、朵朵香等。

图 2.2.7　春兰

春兰品种比较多，比如宋梅、汤梅、贺神梅、线叶春兰等，叶片比较窄，一株约 4~6 片叶子，呈半下垂状态，叶片边缘有锯齿状；花葶直立，芦头小而圆，多是一杆一花，一杆两花很少。兰花中，春兰的栽培历史是最悠久的，清烈而不浊，醇正而幽远，叶姿优美，花香幽远，可以说是“香”“花”“叶”一应俱全，美轮美奂。

（2）蕙兰

又称中国兰、九子兰、夏兰、九华兰。蕙兰的品种很多，老品种有大一品、上海梅、程梅等；新品种有楼梅、端梅、崔梅、荣梅等。

图 2.2.8　蕙兰

蕙兰叶片比春兰稍宽，直立性强，叶脉透亮，一棵有 5~9 枚，叶基部常对折，剖面呈 V 形，故叶片直立性强，叶边缘有粗锯齿；花葶直立，花茎分节，是一杆多花。通常，花径 5~6 厘米，开花 5~20 朵。

（3）建兰

又叫四季兰、骏河兰、秋兰。品种比较多，常见的有黄金小神童、小桃红、银边大贡等。

建兰花色通常为浅黄绿色，味道清香，香气扑鼻。

叶片较春兰、蕙兰宽且短，呈带形，略有光泽；叶子一般是 2~6 片，叶长一般是 30~60 厘米，叶宽大约 1~2.5 厘米。花葶直立，一茎多花，花朵艳丽；一杆多花可达 5~10 朵，花径 4~6 厘米，花瓣略向内弯，开花期是 5~10 月。

图 2.2.9　建兰

（4）寒兰

又称冬兰，因为它的花期是在冬季 10 月至次年 1 月份开放，因此得其名。寒兰划分种类较多，通常以花被颜色进行分类，主要有青寒兰、红寒兰，还有紫寒兰和青紫寒兰等。

每株寒兰约 3~7 片叶子；叶型呈带形，直立性强，叶子边缘，很少见锯齿；叶片是薄革质，暗绿色，略有光泽。寒兰也是一杆多花。一根花茎上，通常有 5~12 朵花；花葶直立，高出叶面，花瓣短而宽，多为淡黄绿色；而且寒兰唇瓣相对比较长，带斑点或条纹，中脉紫红色；唇瓣通常呈反卷状态。

图 2.2.10　寒兰

（5）墨兰

墨兰又名报岁兰、拜岁兰、入岁兰等。花期在1~3月间，正值新的一年开始，又长了一岁。墨兰品种比较多，比较常见的有企黑墨兰、金嘴墨兰、银边墨兰、企剑白墨等。

墨兰与其他兰花比较显著的地方，就是叶片墨绿，而且有光泽。它的叶片有4~5片，每苗叶子3~5片，其叶子形状就像剑形。墨兰的花，通常高出叶面，花茎粗壮直立，着花比较多，但花朵苞片小，是一杆多花，花色变化比较大，多为暗紫色、紫褐色；但也有黄绿色、桃红色的花朵。

（6）春剑

也被称为正宗川兰、五彩麒麟等。主要品种包括西蜀道光、银杆素、雪兰、大红朱砂等。

春剑叶姿有硬叶、软叶之分，每株叶子大约4~6片，从叶子形状看，叶子先端后尖，叶边缘呈锯齿状；从颜色上看，其色泽苍绿，而且叶脉非常明显。

春剑也是一杆多花，一根花杆常开2~5朵花，假鳞小，不明显，花色一般为浅黄绿色，红、黄、白、绿、紫、黑及复色，常呈半透明状，有香味，耐旱略耐寒。

图2.2.11　墨兰

图2.2.12　春剑

（7）莲瓣兰

图 2.2.13　莲瓣兰

别名小雪兰、卑亚兰等，也被俗称为雪兰，因为莲瓣兰开花的形状就像莲花一样，其颜色大多以白色居多，恰似雪中莲花，因而得名雪兰。主要品种有滇梅、点苍梅等，品种各不相同，各具特色，漂亮异常。

莲瓣兰是叶片润滑光亮，叶质细腻，弹性较大，每株叶子约 5~8 片，叶片姿态优美，叶片顶部稍微下垂，姿态婀娜。莲瓣兰也是一杆多花，花呈直立形状，多高出叶面，苞片比较大，一根花茎上通常有 2~5 朵花，其花香四溢，花色鲜丽，花色丰富，红、白、黄、绿、紫等，色泽艳丽。

3. 花名字中带有“兰”字的就是兰花吗？

广义上的兰花是指植物分类系统中的兰科植物，全球兰科植物约有 20000 种。狭义的兰花通常指植物分类系统中兰科兰属的植物，名称中多数带有“兰”字，如春兰、墨兰、寒兰等。但也不全是这样，如剑兰又称唐菖蒲，属于鸢尾科；吊兰属于百合科；鹤望兰属于旅人蕉科；虎尾兰属于百合科；君子兰属于石蒜科等，它们都不是兰科花卉。因此，根据花名无法确定是不是兰花。如何判断是不是兰花呢？观察其花朵，看是否具有以下两个特征：一是兰花有合蕊柱，合蕊柱是植物花中的雌蕊和雄蕊互相愈合所成的器官。二是兰花具有唇瓣，那是花中央的一枚花瓣，通常较大，有明显的特异化，形状与颜色奇特。

拓展延伸

大寒节气其他植物

（1）蜡梅

大寒时节，正是蜡梅盛放的季节。蜡梅的花瓣明黄，半透明而有光泽，仿佛打了一层蜜蜡在上面。蜡梅在百花凋零的隆冬绽蕾，斗寒傲霜，是冬季赏花的理想名贵花木。

（2）君子兰

君子兰，又名大叶石蒜、剑叶石蒜，其叶片挺拔如剑、其花朵灿烂耀眼，侧看如一条线，正看如开扇，有"一季观花、三季观果、四季观叶"之称，是观赏价值较高的冬春时令花卉。

（3）仙客来

仙客来，又名兔耳花、一品冠、篝火花、翻瓣莲，花色丰富而浓艳，寓意贵客临门，是广受欢迎的年宵花之一。

图 2.2.14　蜡梅

图 2.2.15　君子兰

图 2.2.16　仙客来

第三节　迎春花开花立春

花信风至立春，立春这个节气是属于春天的节气，也代表了春天的开始。立春花信风三候，一候迎春，二候樱桃，三候望春。

背景知识

二十四番花信风之立春三候，一候吹开迎春花，二候吹开樱桃，三候吹开望春。也就是说从立春开始的五天里，风吹迎春花开；再五天，樱桃花开……

1. 立春一候迎春花

迎春花，因其开花后即迎来百花齐放的春天而得名，与梅花、水仙和山茶花统称为“雪中四友”。其株高30~500厘米。小枝细长直立或拱形下垂，呈纷披状。花单生在去年生的枝条上，先于叶开放，有清香，花期2~4月。

迎春花金黄色，外染红晕，花色端庄秀丽，气质非凡，适应性强，象征着“顽强的生命力”，历来为人们所喜爱，有着“相爱到永远”的美好寓意。

2. 立春二候樱桃

樱桃是蔷薇科、樱属几种植物的统称。其属于乔木或灌木，高2~25米，小枝灰褐色或灰棕色，嫩枝绿色，无毛或被疏柔毛。冬芽卵状椭圆形，无毛。叶片卵形、椭圆形或长圆状卵形，先端骤尖或短渐尖，基部圆形或楔形。花序伞形，花叶同开；花瓣白色或粉红色，倒卵形。核果近球形或卵球形，呈红色至紫黑色。花期3月到5月，果期5月到9月。

世界上作为栽培的樱桃仅有4种，主要分布于欧洲、亚洲及北美等地。

生于山坡林中、林缘、灌丛中或草地。樱桃在中国经过长期的栽培，已成规模，不仅可供食用，还可以加工制作成樱桃酱、樱桃汁、樱桃罐头和果脯、露酒等。

3. 立春三候望春

望春花，别名辛夷，一般指原产的白玉兰，也指木笔、紫玉兰，是玉兰科望春花属落叶灌木或小乔木，原产我国中部地区，在我国广为栽培。

望春花在 3~4 月先叶开花，花大艳丽，花瓣外面紫色，里面白色或粉红色。其花大清香、洁白美丽，是十分珍贵的观赏树种。种子 9 月成熟，采摘后可即时播种；或沙藏，翌年 3 月中下旬至 4 月上旬催芽播种，一年即可出圃，二年即可做白兰、黄兰、白玉兰、紫红玉兰、朱砂玉兰、天女花、夜香玉兰、广玉兰和含笑的砧木。

望春花适宜生长于湿润肥沃的中性或偏酸性砂质土壤，喜光耐寒，抗病虫害能力强。其花蕾及树皮也是名贵的中药材。

科学味道

1. 迎春花为什么在春天开花?

迎春花开花温度、湿度、生长周期条件在春天，是由其植物基因决定的。迎春花单生在去年生的枝条上，先于叶开放，有清香，金黄色，外染红晕，

图 2.3.1 迎春花

花期2~4月。迎春枝条披垂，冬末至早春先花后叶，花色金黄，叶丛翠绿。

迎春花与梅花、水仙和山茶花统称为“雪中四友”，是中国常见的花卉之一。迎春花不仅花色端庄秀丽，气质非凡，适应性强，历来为人们所喜爱。因其在百花之中开花最早，花后即迎来百花齐放的春天而得名。

2. 迎春花和连翘的区别

其实两者的区别非常大，主要有以下四点：

开放时间不同：迎春花一般是早春开放，而连翘相对而言开花晚些，基本上是迎春花都快开败了，连翘才开始开。

花儿不同：迎春花和连翘花都是金黄色的，但是仔细看区别还是很大的。通常情况下，迎春花是5~6个花瓣，而连翘则是4个花瓣；迎春花有一个长长的喇叭状的花筒，而连翘花则没有。

叶子不同：迎春花通常是三片小叶（三出复叶），而连翘的叶子是长椭圆形的，对生。

枝条不同：迎春花的枝条柔软，向下弯曲；而连翘花的枝条向上，有些直立；再仔细看，迎春花的枝条是四棱形的，而连翘的枝条则是圆的；从修剪的剪口可以看到，连翘的枝条是中空的，而迎春花的枝条是实心的。

综合来看，迎春花生的低矮，喜欢弯折枝条生长，而连翘则是高大的乔木，枝条向上生长。

图2.3.2 连翘

3. 樱桃、车厘子，傻傻分不清楚

樱桃和车厘子，它们之间存在怎样的差别呢？

（1）果实不同

车厘子是英文樱桃 cherries 的音译，也就是外国的樱桃品种。但是，外国的樱桃也和我国的有所不同。车厘子的果实颜色比较暗，外形较大，质地比较软，味道比较甜，果皮比较厚，摸上去弹性很好。而樱桃与之相比果实就要小一些，颜色也比较艳，而且摸上去的弹性不如车厘子，味道酸中带甜。

（2）生长温度不同

车厘子主要生长在美国、加拿大和欧洲等纬度较高的地方，所以有非常好的耐寒能力。种植车厘子最好的生长条件是在 10℃ ~12℃。樱桃的耐寒能力就要差一些，其种植的条件在 15℃ ~16℃。

（3）果期不同

车厘子的果实主要在每年的 6~8 月份成熟，而樱桃是在每年的 5 月份左右成熟。

图 2.3.3　樱桃、车厘子

4. 望春花的作用与功效

望春花，别称栀子，一般指原产地的白玉兰，也指木笔、紫玉兰，是玉兰科望春花属枯叶灌木丛或灌木植物，原产地在我国中西部地区，在我

图 2.3.4　望春花

国广泛种植。望春花也有极大的作用与功效。望春花的花骨朵和树根是世界各国急缺的中草药材。

拓展延伸

立春节气其他植物

（1）报春花

报春花，春花科报春花属二年生草本植物，分布中国的云南、贵州和广西，缅甸北部也有分布。多生长于荒野、田边，潮湿旷地、沟边和林缘，报春花早春开花，花色丰富，花期长，具有很高的观赏价值。

（2）碎米荠

碎米荠，一年生小草本，白花菜目十字花科碎米荠属。田间常见野菜，

图 2.3.5　报春花

图 2.3.6　碎米荠

图 2.3.7　附地菜

图 2.3.8　黄鹌菜

可凉拌、做蛋汤等。

（3）附地菜

附地菜为紫草科附地菜属，可开出淡蓝色的细小的花朵。可全草入药，甘、辛、温。夏秋采集，拔取全株，除去杂质，晒干备用。

（4）黄鹌菜

黄鹌菜，菊科、黄鹌菜属。一年生或二年生草本。生长于山坡、路边、林缘和荒野等地。分布遍及中国，也见于亚洲温带和热带其他国家。花果期 4~6 月。

第四节　油菜花黄迎雨水

花信风至雨水，雨水这个节气降雨开始增多，农作物开始快速生长。雨水花信风三候，一候菜花，二候杏花，三候李花。

背景知识

二十四番花信风之雨水三候，一候吹开菜花，二候吹开杏花，三候吹开李花。也就是说从雨水开始的五天里，风吹菜花开；再五天，杏花花开……

油菜花，别名芸薹，是十字花科、芸薹属一年生草本植物。北起黑龙江和新疆，南至海南，西至青藏高原，东至沿海各省和台湾均有种植，在我国分布范围极为广泛。可分为冬油菜和春油菜两个大区。其界线东起山海关，经长城沿太行山南下，经五台山过黄河至贺兰山东麓向南，过六盘山再经白龙江上游至雅鲁藏布江下游一线，其以南以东为冬油菜区，其以北以西为春油菜区。如今冬油菜占到我国油菜播种面积的90%，是油料作物的主要品种，冬油菜一般是秋播夏收，类型大多为甘蓝型油菜。春油菜则由于所在地冬季严寒，只能春播（或夏播）秋收，类型多为白菜型、芥菜型油菜品种。春油菜虽然播种面积少，然而在我国有着悠久的栽种历史。

杏花，又称杏子，是杏属李亚科植物，其果肉、果仁均可食用。杏树原产中国，广布于东亚及中亚。杏花单生，先叶开放，花瓣白色或稍带红晕，是中国著名的观赏树木。也是春季主要的观赏树种，其树龄长，可活一百年以上。杏树可采用播种或嫁接繁殖等种植方法。杏，一般以果仁入药，有生津、解毒、清热之效用。

李花，即李树的花。植物“李”，别名嘉庆子、布霖、李子、玉皇李、山李子。又名玉梅，为落叶小乔木，白花，虽小而繁茂，素雅清新。花期因地区、因具体品种而异，通常南方为3月，秦岭、淮河以北4至5月。果实呈黄色或深红色。其果实饱满圆润，玲珑剔透，形态美艳，口味甘甜，是人们最喜欢的水果之一。除可生食外，还可加工成李子干或李子酱等。李子味酸，能促进胃酸和胃消化酶的分泌，并能促进胃肠蠕动，因而有改善食欲，促进消化的作用，尤其对胃酸缺乏、食后饱胀、大便秘结者有效。李子中抗氧化剂含量高得惊人，堪称是抗衰老、防疾病的“超级水果”。

科学味道

1. 油菜的价值和功效

油菜花含有丰富的花粉，是我国主要花蜜的来源之一。油菜花具有重要的经济价值，又有观赏价值，是观光资源。油菜进入开花季节，竞相怒放，田间一片金黄，花粉中含有丰富的花蜜，引来彩蝶与蜜蜂飞舞花丛间。浓郁花香令人陶醉，美丽风景让人流连忘返。

油菜花种子含油量达35%~50%，可以榨油或当作饲料使用。油菜花榨的油又名菜籽油，营养丰富，易于消化，富含不饱和脂肪酸，是健康食用油之一。菜籽油在铸造、皮革、橡胶、肥皂生产等方面有广泛的用途，是重要的工业原料。菜籽饼是一种优质肥料，在农田轮作中，油菜是一种用地养地的好作物。除此之外，油菜花的嫩茎叶也可以当作蔬菜食用，凉拌或清炒均可。

2. 油菜与上海青一样吗？

品种不同：上海青是油菜的一个品种之一，上海青在浙江附近地区会被称为小青菜或者青菜，而小油菜是北方地区人们的叫法。

形状不同：上海青的叶片少，茎多，茎部为白色，叶子绿色，而油菜

图 2.4.1　油菜

图 2.4.2　上海青

的叶子是青绿色的，叶柄长且细。

口感不同：青菜虽然也是小油菜的一种，但其含水量更高，口感更细嫩，小油菜口感会有些粗糙，能感受到丝络状的物质存在。

3. 古法压榨菜籽油

机器压榨菜籽油是当今普遍流行的方式，而古法压榨菜籽油也历史悠久。

第一步是选籽。好的菜籽可以保证菜籽油的品质，通过人工精挑细选、层层把关才能生产出营养、健康、安全、放心的菜籽油。

第二步是除杂。为了保证原料中不含任何杂质，需用筛子去除油菜籽中的秸秆、碎石、土粒等杂质，然后清洗晾晒。

第三步是炒籽。将洗净晾干的油菜籽放入铁锅内翻炒，炒熟之后的油菜籽内部的蛋白质和油脂初步分离，有利于提高出油率和后期压榨的效率。

第四步是石磨碾籽。将炒熟的双低油菜籽均匀撒入石槽中，借助水车的动力将菜籽碾压成粉末状，使得菜籽在热蒸过程中与水蒸气的接触面积增大，可以更均匀充分地受热。

第五步是热蒸。将磨碎的菜籽粉放入木蒸中进行热蒸，让菜籽粉充分吸收水分而变得软糯，蛋白质和油脂进一步分离，提高出油率的同时可以方便后期包饼。

第六步是包饼。将高温消毒后的稻草垫入箍圈内铺开，再放入蒸好的菜籽粉捶打包饼。稻草包饼的木榨双低菜籽油含有稻草的清香，香味更浓郁，口感更出色。

第七步是木榨取油。完成包饼之后的菜籽粉依然保持着热蒸之后的高温，将其迅速装入木榨，用长达三米的撞锤有节奏地撞击油槽中的木桩，进行压榨出油。

第八步是水化。压榨出的菜籽油冷却后，加入一定比例的食盐进行水化、脱磷、脱脂、脱胶，将水化后的油沉淀 30 天左右得到成品油，最终压榨出的菜籽油无杂味异味，颜色清亮，香味浓郁，口感纯正。

4. 菜籽饼可以直接作肥料吗?

菜籽饼不能直接作肥料，需要堆沤或发酵。

菜籽饼含大量的纤维，直接施后会产生大量的热能，会引起烧根或烧种现象，所以在施用前必须进行堆沤或发酵。如果不发酵或者发酵不完全，有可能造成菜籽饼在土壤中二次发酵，产生烧苗、发芽率不高等问题。

在堆沤过程中所放出的热量会促进菜籽饼肥料中的纤维素、半纤维素、果胶物质、木质素等分解，形成腐殖质，利于作物吸收。

菜籽饼肥中氮、磷有效元素多呈有机态，氮以蛋白质形态为主，磷以脂酸、磷脂为主，这些有机态氮和有机态磷，不能直接被植物吸收，必须

图 2.4.3　不同颜色的油菜花

经过发酵腐熟才能更好地发挥肥效，且发酵过程会产生热量，直接施用会容易造成烧根，故在施用菜籽麸肥之前一定要堆沤发酵。

拓展延伸

1. “花痴”博士：让油菜花开出 45 种颜色

在江西农业大学校内一块油菜花试验田里，农学教授付东辉培育出不同颜色的油菜花：“极桃红、紫焦红、极紫焦红、铜红、极紫、深紫红、鹅黄……”在从事油菜花研究 18 年里，付东辉由于每天的生活和工作都围绕着油菜花，因而获得“花痴”博士的外号。他培育的彩色油菜花不仅颜值高，而且出油率高，目前已在全国 80 多个示范区种植，成为老百姓的“致富花”。

2. 雨水节气时令饮食

（1）豆苗

豆苗，俗称豌豆藤。豆苗作为食品，早在李时珍的《本草纲目》中就有记载：“豌豆种出西湖，今北土甚多，九月下种，苗生柔弱如蔓，有须，叶似蒺藜叶，两两相对，嫩时可食。”豆苗是豌豆萌发出2~4个子叶时的幼苗，鲜嫩清香，最适宜做汤。

（2）荠菜

荠菜在我国被食用的历史已有几千年，《诗经》中就有“谁谓荼苦，其甘如荠”的诗句。自古以来，荠菜都是人们非常喜爱的一种野菜。民谚说：“三月初三，荠菜当灵丹。”所以我国很多地方有阴历三月初三吃荠菜煮鸡蛋的习俗，有的人还在这天采集大量的荠菜晒干，留着以后煮水服用。也有人在三月春分荠菜刚吐出嫩叶时，采摘当菜吃，认为对身体很有益处，称之为“护生草”。

第五节　桃花朵朵惊惊蛰

花信风至惊蛰，惊蛰这个节气阳气上升、气温回暖、春雷乍动、雨水增多，万物生机盎然。惊蛰花信风三候，一候桃花，二候棠梨，三候蔷薇。

背景知识

二十四番花信风之惊蛰三候，一候吹开桃花，二候吹开棠梨花，三候吹开蔷薇花。也就是说从惊蛰开始的五天里，风吹桃花开；再五天，棠梨花开……

桃花，是蔷薇科、桃属的植物。原产我国，栽培广泛。桃树是落叶小乔木；桃叶是窄椭圆形或披针形，前面是长而细的尖端，边缘细齿状，叶子暗绿色，有光泽。树皮是暗灰色的。花为单生，颜色从淡至深粉红或红色，有时是白色，有短柄，早春的时候开花。核果接近球形，有毛茸，为橙黄色或红色，种子白色。果肉有白色和黄色，美味多汁，可以生吃或制桃脯、罐头等食物。核仁也可以吃。桃有很多品种，一般有毛，"油桃"的果皮光滑；"蟠桃"果实是扁盘状的；"碧桃"是观赏花用桃树。

棠梨花，灌木植物。小枝有棱，绿色，无毛。叶子呈卵形或三角形，先端慢慢变尖，根部截形或近圆形，边缘有重锯齿，表面无毛或有短柔毛，下面微生短柔毛。叶柄光滑，有托叶。花单生于侧枝顶端。花萼筒是扁平状。花瓣是黄色，宽椭圆形，雄蕊长约花瓣之半。棣棠喜爱温暖湿润的环境，耐寒性很弱。棣棠花除供观赏外，还可以入药，有消肿、止痛、止咳、助消化等作用。棠梨花的变型，有重瓣棠梨花。在湖南、四川和云南等地有野生，中国南北各地普遍栽培，供观赏用。

蔷薇，蔷薇属，主要指蔓藤蔷薇的变种以及园艺品种。蔷薇花大多是一类藤状的爬篱笆的小花，原产于中国，有很强的变异性。茎部分刺较大，有时有钩。叶互生，羽状复叶，奇数分布。叶子边缘有齿，叶片平展，但有柔毛。花通常是几朵族生，是圆锥状伞房花序，一般长在枝条顶部，通常每年只开一次。花盘环绕萼筒口部，有白色、黄色等多种颜色。花谢后萼片会脱落，果实是圆球体。蔷薇花喜生于路旁、田边或丘陵地的灌木丛中。野蔷薇多自然分布于溪畔、路旁及园边、地角等处，往往密集丛生，满枝灿烂。微雨或朝露后，花瓣红晕湿透，景色颇佳。蔷薇的主要品种有矮蔷薇、白花单瓣玫瑰、白花重瓣玫瑰、白蔷薇、白玉堂、百叶蔷薇、本香花（原变种）、扁刺峨眉蔷薇、扁刺峨眉蔷薇（变型）、扁刺蔷薇、扁刺蔷薇（原变种）、藏边蔷薇、长白蔷薇（原变种）、长果西北蔷薇等。

科学味道

1. 惊蛰之后天气还冷吗？

惊蛰是一年当中气温回升最快的节气，大部分地区已经开始回温，雨水逐渐增多。在这个时间里需要注意的是，气温起伏较大，气候变化多端，昼夜温差比较大，所以一定要及时保暖。

通常情况下，惊蛰之后温度会迅速回升，但是如果有冷空气持续入侵，还是会出现倒春寒的情况，所以惊蛰之后还是要注意防寒保暖，不宜快速换上单薄的衣物。

惊蛰时节，中国大部分地区，除东北、西北地区外，平均气温已升到0℃以上，华北地区日平均气温为3℃~6℃，沿江江南地区为8℃以上，而西南和华南地区已达10℃~15℃，早已是一派融融春光了。

惊蛰这个节气是全年气温回升最快的节气，同时阳光照射的时长也有明显的增加，大家都会感叹这是"好春光"。不过，惊蛰节气前后，由于冷暖空气交替，天气不是特别稳定，气温波动还是比较大的。大家千万不要急于脱去厚重的衣物，还是要再"捂"上几天的。

2. 为什么惊蛰是春耕开始的日子？

惊蛰反映的是自然生物受节律变化影响，而出现萌化生长的现象。惊蛰时节正是大好的艳阳天，气温回升，春雷乍动，雨水增多，万物生机盎然，是万物生长的好时光，这时，该种的农作物都可以开始种了。我国劳动人民自古很重视惊蛰节气，把它视为春耕开始的时节。

农谚："到了惊蛰节，锄头不停歇。"到了惊蛰，"九九"已尽，"九尽桃花开，春耕不能歇"。中国大部地区进入春耕大忙时节。惊蛰是全年气温回升最快的节气。日照时长也有比较明显的增加。但是因为冷暖空气交替，天气不稳定，气温波动很大。

随着气温回升，日照增加，全国各地由南向北逐渐开始春耕。华南的东南部、长江的河谷地区，大多数年份惊蛰期间气温稳定在12℃以上，对水稻和玉米播种有利，其余地区气温在12℃以下的低温天气出现，切忌盲目早播。

3. 惊蛰之际要做好哪些农事活动？

每年3月5日或6日，太阳到达黄经345度时为"惊蛰"。"蛰"是"藏"的意思。"惊蛰"是指春雷乍动，惊醒了蛰伏于土中冬眠的动物。由于我国各地春雷始鸣时间各不相同，"惊蛰始雷"说法基本与沿江江南地区气候规律相吻合。

民间谚语云："雷打惊蛰前，二月雨淋淋；雷打惊蛰后，旱天到春后。"一般来说如果第一次春雷在惊蛰这一天，就会认为当年风调雨顺。而如果初雷在惊蛰之前发生，那么就预示着当年的

图 2.5.1　惊蛰

雨水较多，很可能会发生“春季连阴雨”的情况。

惊蛰时节正是艳阳天，气温回升，雨水增多。除东北、西北地区还处于寒冷的冬天以外，全国大部分地区的平均气温已升到零度以上。而华北地区日平均气温是 3 摄氏度至 6 摄氏度，沿江江南是 8 摄氏度以上，西南和华南可以达到 10 摄氏度至 15 摄氏度，可谓春光融融。

惊蛰这一节气，全国大部地区进入春耕大忙的季节。华北地区冬小麦开始返青生长，但土壤仍冻融交替，这个时候应及时耙地减少水分蒸发。

沿江和江南的小麦已经开始拔节，油菜也开始见花，对水、肥的要求都很高，应该在合适的时候追肥，而干旱少雨地方则应适当浇水灌溉。

南方的雨水，一般可满足蔬菜、小麦和绿肥作物春季生长需要，为防湿害，有必要继续搞好清沟沥水工作。对华南地区而言，早稻播种要抓紧进行，同时要做好秧田的防寒工作。

随着气温回升，茶树也渐渐发芽生长，这时应进行修剪，还要及时追施“催芽肥”，促进茶树多分枝，多发叶。其他桃、梨、苹果等果树要施好花前肥。

拓展延伸

1. 祭白虎化是非

民间传说，白虎是口舌、是非之神。每年都会在惊蛰这天出来觅食，开口噬人。大家为了自保，便在惊蛰这天祭白虎。

图 2.5.2　祭白虎

祭白虎，是指拜祭用纸绘制的白老虎，纸老虎一般是黄色黑斑纹，口角画有一对獠牙。拜祭时候，需要用肥猪血喂白虎，使其吃饱后不再出口伤人，再用生猪肉抹在纸老虎的嘴上，使之充满油水，这样就不能张口说人是非。

2. 打小人驱霉运

惊蛰意味着二月份的开始，会平地一声雷，唤醒所有冬眠中的蛇虫鼠蚁各种动物，家中的爬虫走蚁都会应声而起，四处觅食。

过去，惊蛰这一天，人们会手持清香、艾草，在家里熏房屋四角，用香味驱赶蛇、虫、蚊、鼠和霉味。长此以往，渐渐演变成了不顺心者，拍打对头人和驱赶霉运的习惯，这就是“打小人”的前身。

通常，每年惊蛰那天，就会出现一个有趣的场景：妇女一边用木拖鞋拍打纸人，一边口中念念有词地说：“打你个小人头，打到你有气冇定抖，打到你食亲野都呕……”这是打小人咒语。

3. 祭雷神蒙鼓皮

过去有惊蛰日祭祀雷神的习俗。雷声引起惊蛰。传说，雷神作为九天之神，有崇高的地位。在古人的想象中，雷神是位鸟嘴人身，长了翅膀的大神，他一手持锤，一手连击环绕周身的许多天鼓，发出隆隆的雷声，来震动人间。

惊蛰这天，天庭有雷神击天鼓，人间也利用这个时机来蒙鼓皮。

《周礼》卷四十《挥人》篇上说：“凡冒鼓必以启蛰之日。”可见，不但百虫的生态与四季的运行相契合，万物之灵的人类也要顺应天时，才能达到事半功倍之效。

4. 惊蛰吃梨

民间向来有惊蛰吃梨的习俗。因为梨谐音“离”，所以在传统文化中，通常情况下，节日忌讳吃梨。但是惊蛰吃梨，却大有不同，寓意着和害虫分离，远离疾病。

俗话说：“冷惊蛰，暖春分。”仲春二月正是乍寒乍暖的时候，气温变化大，气候干燥，容易口干舌燥、发生咳嗽。吃梨能助益脾气，让五脏平和，来增强体质，抵抗病菌的侵袭。

第六节　梨花飘香话春风

花信风至春分，春暖花开，万物复苏，这是一年中最美好的日子。春分花信风三候，一候海棠，二候梨花，三候木兰。

背景知识

二十四番花信风之春分三候，一候吹海棠花，二候吹开梨花，三候吹开木兰花。也就是说从春分开始的五天里，风吹海棠花开；再五天，梨花花开……

海棠花，属于乔木，最高可以长到 8 米；小枝粗壮，圆柱形，有短柔毛，逐渐脱落，老时红褐色或紫褐色，无毛。叶片是椭圆形至长椭圆形，长 5~8 厘米，宽 2~3 厘米，边缘有紧贴细锯齿，幼嫩时上下两面都有稀疏的短柔毛，逐渐脱落，老叶无毛。花序接近伞形，有四至六朵花。萼筒的外面无毛或有白色绒毛。萼片是三角卵形，先端急尖。花瓣是卵形，基部有短爪，白色，在芽中呈粉红色。果实接近球形，直径约二厘米，黄色。

梨花，即梨树花。梨树，属于蔷薇科梨属，是落叶乔木，叶圆形，像大叶杨，树干有粗皮在外保护，树枝伞状。春季开花，花色洁白，有浓烈的香味。梨花在我国大概两千多年的栽培历史，种类及品种都很多，自古以来深受人们的喜爱，梨花素淡的芳姿更是博得诗人的推崇。梨树，原产我国，栽培遍及全国。梨在我国产量大，时间长，仅次于苹果。果实可以生吃外，还可以酿酒、制梨膏、梨脯，以及作药用。梨果能治热咳，梨花能去面黑粉刺，梨叶煎服，能治风寒和小儿寒疝，树皮能除结气咳逆等症。梨树全身都是宝。

木兰花，属于落叶小乔木，最高可达五米。木兰木质有香气，小枝紫褐色。小芽有细毛。单叶，互生，倒卵状椭圆形，有托叶痕。花两性，单生，顶生，有六枚花瓣，外面紫红色，内面近白色，雌雄蕊多数，雌蕊群无柄。有三枚萼片，黄绿色，披针形。果实矩圆形。根肉质。木兰花是著名的早春观赏花木，先开花，落花后长叶。早春开花时，满树花朵，幽姿淑态，别具风情，适用于古典园林中厅前院后配植，也可孤植或散植于小庭院内。花蕾可入药，称辛夷。

科学味道

1.“风吹开了梨花”是什么意思?

“一夜春风挡不住，万千枝头梨花白。”这是人们描绘春天梨花开放的景象，春分时节气温上升，天气转暖，春风送爽，给梨树开花制造了有利的条件，所以看起来就像是风带来了花开的讯息。不过通常来讲，这种花一般都是在春季开放的，时间为三月到五个月，具体的开花时间，是受种植环境和地区影响的，南方很早就开放了，北方则会推迟不少时间。

2. 梨花的用途介绍

梨花，梨树的花朵，蔷薇科梨属。梨花花色洁白，像雪花，具有淡淡的香味。梨花的用途主要有五种：

（1）观赏价值

开放的梨花十分美丽，所以具有很好的观赏价值。梨花花朵洁白，有淡淡的清香。阳春时节，梨花满枝，银装素裹，许多地方在梨树花期举办“梨花节”。历代无数文人对梨花吟诗作赋，李白有“梨花白雪香”，杜牧有“梨花独送春”，苏轼有“梨花淡白柳深青”，陆游有“驿路梨花处处开”等佳句。

（2）养颜美容

梨花还能做胭脂的材料，味道十分清新。据李时珍的《本草纲目》记载“梨花可去面黑粉滓”，研究发现梨花中有高浓度的熊果苷，是梨花美白肌肤作用的代表性活性因子。熊果苷，化学名称为对羟基苯 –β–D– 吡喃葡萄糖苷，它可在体内释放氢醌，一种强力酪氨酸氧化酶抑制剂，可抑制皮肤黑色素合成。

（3）制成花茶

梨花有清肺润肠的功效，具有淡淡的清香，可以制成梨花茶。

（4）药用价值

据明朝《本草通玄》记载，梨花具有止咳、消炎尿路等作用，和其他植物资源相比，梨花生长期短，受环境污染的机会少，所以有更好的安全性。

（5）天然蜜源

梨花还是特别重要的蜂蜜来源，梨花的花蜜很多，并且有特殊的香气，是蜜蜂春天采集的重要对象。梨花蜂蜜，是一种非常出色的滋养性食品。

3. 梨花和李花的区别？

两者读音虽然相似，颜色也都是白色，但其实两者有很大区别，主要有以下五点：

（1）科属不同

梨花属于蔷薇科梨属植物，而李花是属于蔷薇科李属植物。

图 2.6.1　李花

图 2.6.2　梨花

（2）花型不同

二者花型的大小不同。李花相对比较小，很繁茂，花朵簇生，常两三朵并生。而梨花的花朵大很多，花朵簇生（伞形总状花序），每簇有花 10 朵左右，单个开放。

（3）花蕊颜色不同

李花的花蕊是黄色，梨花的花蕊是紫红色。

（4）花期不同

李花通常在春季 2~4 月份开放，而梨花开得比较晚，一般要到 4 月或者 5 月才开放。

（5）花瓣的厚度不同

李花的花瓣一般比较薄，而梨花的花瓣相对比较厚。

4. 梨的品种有哪些？

梨是我们生活中经常吃的水果，你知道梨的品种有哪些吗？

（1）黄金梨

黄金梨，通常是在 9 月前后成熟的。成熟之后果皮是黄绿色的，采摘以后合理保存，过几天果皮会变为金黄色，因此被称为“黄金梨”。

（2）雪花梨

雪花梨，是河北的特产，果皮是深绿色的，比较粗糙，但是它的果肉鲜甜可口、香脆多汁，口感较好，且含多种营养物质。雪花梨可直接吃，也可加工成梨罐头。不仅在国内畅销，还出口多个亚洲国家，被誉为“天下第一梨”。

（3）鸭梨

鸭梨，在叶柄梨头的地方有凸起，整体看上去像鸭头，因此被称为鸭梨。该品种的适应能力极强，产量高，且耐贮藏，耐运输，是市面上常见的梨品种之一。它的果肉里面含丰富的维生素 B，经常吃对身体健康有好处。

（4）库尔勒香梨

库尔勒香梨，产自新疆库尔勒，个头小，外形为椭圆形。但是它的皮

图 2.6.3　黄金梨

图 2.6.4　雪花梨

图 2.6.5　鸭梨

图 2.6.6　库尔勒香梨

图 2.6.7　苹果梨

图 2.6.8　秋月梨

薄，汁多，吃起来比较爽口。库尔勒香梨不仅可直接生吃，还可做成梨膏、梨酒等，有极高的营养价值。

（5）苹果梨

苹果梨，主要产地在吉林，因为果皮黄中透红，整体像苹果而得名。该品种抗寒能力极强，果肉爽口清脆，还富含多种人体所需的营养成分，食用价值极高。

（6）其他种类

梨的品种丰富，常见的品种还有皇冠梨、酥梨、秋月梨、烟台梨、南果梨、丰水梨、翠冠梨等。

拓展延伸

春分农事活动

俗话说：“春分麦起身，肥水要紧跟。”一场春雨一场暖，春雨过后忙耕田。春季大忙季节就要开始了，即将进入春管、春耕、春种的繁忙阶段。春分过后，越冬作物进入生长阶段，要加强田间管理。由于气温回升快，需水量相对较大，农民要加强蓄水保墒。

北方春季少雨的地区要抓紧春灌，浇好拔节水，施好拔节肥，注意防御晚霜冻害；南方仍需继续搞好排涝防渍的工作。江南早稻育秧和江淮地区早稻薄膜育秧工作已经开始，早春天气冷暖变化频繁，要注意在冷空气来临时浸种催芽，冷空气结束时抢晴播种。

春季，天气回暖，在这个时候，需要注意经常会有冷空气的侵入，特别是在江南和沿长江一带，由于北方的冷空气与来自南方的暖湿气流相遇，从而出现春季连阴雨，使得气温明显降低，就形成了人们常说的“倒春寒”。

第七节　柳花飘飘到清明

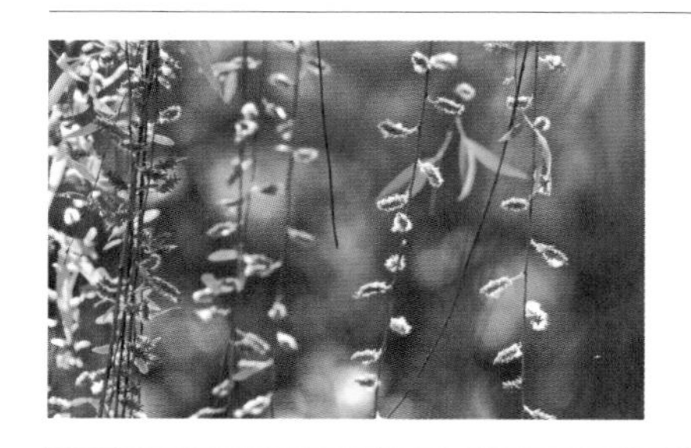

花信风至清明，清明这个节气雨量充沛，万物生长，清洁而明净。清明花信风三候，一候桐花，二候麦花，三候柳花。

背景知识

二十四番花信风之清明三候，一候吹开桐花，二候吹开小麦花，三候吹开柳花。也就是说从清明开始的五天里，风吹桐花开；再五天，小麦花开……

桐花，是清明的征兆、标志。清明时节，春和景明、惠风和畅，春天的生机经过酝酿、孵育已经全然释放；但同时“盈虚有数”，清明时节也是春事阑珊，天气变化剧烈，乍暖还寒、冷雨飘洒。“气之动物，物之感人”，桐花既是春景的“高点”，也是春逝的预示；清明的“双面”性质引发的也是“双重”情绪，欣悲俱集。

小麦花，小麦的花排列是复穗状的花序，通常被称作麦穗。麦穗一般由穗轴和小穗两部分组成。穗轴通常直立不分枝，包含许多个节，在每一节上长 1 个小穗。小穗包含 2 枚颖片和 3~9 朵小花。小麦花为两性花，由 1 枚外稃、1 枚内稃、3 枚雄蕊、1 枚雌蕊和 2 枚浆片组成。其外稃因品种不同，有的品种有芒，有的品种无芒。小麦抽穗后如果气温正常，经过 3~5 天就能开花；晚抽的麦穗遇到高温时，常常在抽穗后 1~2 天，甚至抽穗当天就能开花；抽穗后如遇到低温，则需经过 7~8 天甚至十几天方能开花。就全株来说，主茎上的麦穗先开，分蘖上的麦穗后开；就 1 个麦穗来说，中部的小穗先开，上部和下部的小穗后开；就1个小穗来说，基部的花先开，上部的花后开。

柳，落叶乔木或灌木，树枝柔韧性好，叶狭长，春天开黄绿色花，种子上有白色毛状物，成熟后随风飞散，种类很多，有“垂柳”“河柳”“杞柳”等。柳树耐水湿，也能生在旱处。主要分布在长江及黄河流域，其他地方也有栽培。花为单性，先叶开放或与叶同时开放。花期通常是在农历的二三月份。花朵比较小，也没有特殊香味，颜色比较淡，呈绿色。柳的花都是单性花。通常没有花被，只有一个鳞片。雄花有两枚雄蕊，两个蜜腺。雌花有一枚雌蕊，一个蜜腺。虽然没有花被，色彩不鲜明，但具有蜜腺，是借着花蜜来引诱昆虫传布花粉的，所以它是虫媒花。杨的花与柳的花很相似，结构也很简单，但是没有蜜腺，不能分泌花蜜引诱昆虫传布花粉，只能借风力传布花粉，所以它是风媒花。柳絮，即柳树的种子，上面有白色绒毛，随风飞散如飘絮，所以称柳絮。

科学味道

1. 桐花究竟指的是梧桐花、泡桐花还是油桐花?

桐有青桐（梧桐），泡桐（白桐），油桐。

清明花信风的桐花，也就是古人说的桐月之桐，究竟是指哪一种桐树呢?

图 2.7.1　梧桐花

图 2.7.2　泡桐花

图 2.7.3　油桐花

中国是桐木的故乡，无论是青桐、泡桐，还是油桐，原产地，大都在中国。

但在现代植物分类学中，三者既不同科，也不同属。

青桐是梧桐科梧桐属，泡桐是玄参科泡桐属，油桐是大戟科油桐属，它们之间甚至连亲戚都算不上。

诗经上说："凤凰鸣矣，于彼高冈。梧桐生矣，于彼朝阳。"说的就是青桐。许多人便由此认为，桐花就是梧桐之花。

东汉许慎在《说文解字》中说："桐，荣也"。意思是说，桐树开花很漂亮。梧桐花开在夏季，淡黄绿色的小花，与这个"荣"字，相差甚远。《逸周书》说清明之日桐始华，这个"华"字，也有华丽的意思，与梧桐花也明显不符。

所以桐月之桐，看来只能是泡桐与油桐了。而且，指泡桐的时候会更多一点。

泡桐是玄参科泡桐属落叶乔木，高可达 27 米，树冠宽阔。花淡紫色或白色，顶生圆锥花序，由多数聚伞花序复合而成，花冠是钟形或漏斗形，有香气。主要品种有楸叶泡桐、兰花泡桐、毛泡桐、白花泡桐、川泡桐、兰考泡桐等十余种。

2. 你知道落地的桐花都是雄花吗?

每年桐花盛开过后，花落满地，但你知道这些满地桐花都是雄花吗?

桐花是雌雄同体的，一棵树上有雌花也有雄花，它们在树上传递花粉，开花是为了授粉。

图 2.7.4　落花

雌蕊受粉以后，会结成一个个油桐果。而结成油桐果就需要很多树木的养分，可树上的养分是不够的，怎么办？雄花就会自动飘落，离开树，把所有的养分都留给雌花。

所以说：树上的桐花都是

雌花，落地的花都是雄花！

很多人在欣赏桐花季的时候，看到的是花的飘零，看到的是花的美，说不出背后的自然知识。

了解了以后，我们再看桐花的时候就会被雄桐花飘落感动了，这就是生命非常动人的地方，为了下一代的成长，它是可以牺牲自己，飘零落地！

这就是爱，是生命。

生命一定要传递下去，在任何困境当中，它都必须被祝福、扩大和繁衍。

落花离开枝头，飘落在泥土中，不是生命的结束而是精神的升华。虽然不能继续绽放枝头，吐露芳香。但却化作富有营养的泥土，滋养着千千万万的小树苗茁壮成长。

3. 为什么麦花被称作不完全花？

根据花的构造状况，花可以分为完全花和不完全花两类。花萼、花冠、雄蕊群与雌蕊群四部俱全的花称为完全花，缺少其中任一部分则称为不完全花。不完全花是由于进化过程中花部的简化或退化消失造成的。

那么麦花为什么被称作不完全花呢？因为麦花没有花瓣（花冠）和萼片（花萼），只保留了繁衍后代最重要的花蕊，所以在植物学上叫“不完全花”。

常见的不完全花在生活中非常多，比如柳树花、杜仲、杨树花、栗树花、马蹄莲花、菖蒲花、黄瓜花、桑树花、西瓜花、蓖麻花、丝瓜花、南瓜花、香蒲等都属于不完全花，其实大部分蔬菜的花都属于不完全花。通常单性花都属于不完全花，但不完全花不一定是单性花，如杜鹃缺少花萼它就是不完全花但属于两性花。

完全花是与不完全花对应的，完全花的种类更多。生活中常见的完全花有油菜花、水仙花、梅花、牡丹花、月季花、玫瑰花、豌豆花、牵牛花、白菜花、桃花、杏花、梨花、李花、蔷薇花、荷花、玉兰花、海棠花、桂花、苹果花、山楂花、二月兰、蚕豆花、豇豆花、番茄花等都属于完全花。

4. 韭菜与麦苗你分得清楚吗?

城市人经常笑话农村人土，不懂现代文明，农村人也反过来笑话城市人，把麦苗当韭菜，五谷不分。对于没见过麦苗，只在蔬菜市场见过韭菜的城里人，确实容易把麦苗误认为韭菜，但对于土生土长的农村人，在他们的眼中麦苗和韭菜还是有很大区别的。

从形状上看，韭菜叶子要比麦苗长，麦苗表面有细小的毛，就像人的汗毛，韭菜则没有，麦苗叶比韭菜叶薄且短。

从朝向看，麦苗叶子向上的角度一般没有韭菜大，韭菜叶片向上，麦苗叶向外。

从茎看，韭菜的茎要比麦苗的长。

从根上来看，麦苗的根多为白细的须根，且比较容易拨动，而韭菜的根则是粗褐色的，根系更深，不易拔出。

从味道上品尝，韭菜的味道更为强烈，且有辛辣之味道，而麦苗的味道则有一股明显的青草味。

图 2.7.5　麦苗与韭菜

5. 柳絮对人体有没有危害呢?

柳絮，因为轻喜漂在空中，所以才“濛濛乱扑行人面”。柳絮扑面，吸附在人皮肤上，给人一种轻轻的痒痒的感觉，对人并无大碍。对于心情愉悦的人来说，那简直是春天的享受！但是对过敏的人来说，却是一种精神负担。柳絮被吸入到鼻腔里，就会诱发打喷嚏。这是人体的正常保护性

图 2.7.6　柳絮

反射，打一个喷嚏，就把吸入到鼻腔内的柳絮喷了出去，不会对人产生后续的危害。

过敏体质的人，有可能出现对柳絮过敏。我们首先要清楚什么才是过敏。如果你接触柳絮后出现皮肤红肿、皮疹，或者难以忍受的喉痒、咳嗽等，在排除其他因素后，才能说是对柳絮过敏。不要因为稍微皮肤发痒，就认为是过敏，搞得心情紧张。如果你的皮肤很痒，洗澡后就没事了，也不是过敏。真正需要规避柳絮的人是有的——那就是患有呼吸道疾病的病人。比如哮喘、慢阻肺患者。

有一种说法：百花盛开之日，便是哮喘病人难受之时。过去，认为引起支气管哮喘的过敏因素是春天空气有多种花粉，所以哮喘病人往往春季发病多。现在我们明白，哮喘患者发病是因为他们存在一个特殊的病理生理现象——气道高反应性。

什么是气道高反应性呢？通俗解释就是“伤口撒盐”。比如被刀划伤，你会感觉很痛，我们很清楚，致病因素是“刀”。过后，你用棉絮轻轻一碰，同样也是很痛；如果在伤口上撒盐，疼痛可能比原来刀划时还厉害！这时的疼痛，其实就是你的身体对“盐”“棉絮”的“高反应性”。哮喘病人的气道就是存在这样的“伤口”——由免疫机能紊乱等多种复杂因素导致的呼吸道慢性炎症！由于这种慢性炎症的存在，哮喘患者遇到任何可以吸入气管的物质都可以诱发哮喘发作——如花香味、汽油味、煤气味、污染空气味等等，这种现象就叫作气道高反应性。即便不是对柳絮、花粉过敏，只要哮喘患者接触柳絮、花粉，也会诱发哮喘发作。部分慢阻肺患者同样存在气道高反应性，他们接触到柳絮等物质，也可能诱发疾病复发。

这就是我们常常看到的：每到柳絮翻飞的季节，医院呼吸科病人就会增加。所以，像支气管哮喘、慢阻肺这样患有呼吸道疾病的病人，不管是否对柳絮过敏，都要避免接触。

6. 中国式浪漫——折柳送别

我们经常在古诗中看到折柳送别的诗句，如“此夜曲中闻折柳，何人不起故园情”“柳条折尽花飞尽，借问行人归不归”“纤纤折杨柳，持此寄情人”，不胜枚举。古人缘何在送别时，喜欢折柳相送呢?

《诗经》有“昔我往矣，杨柳依依。今我来思，雨雪霏霏。”赋予了柳树留别的意境。刘禹锡有“长安陌上无穷树，唯有垂杨管别离”的吟诵，唐彦谦有“晚来飞絮如霜鬓，恐为多情管别离”的诗句。柳絮的“柳”与“留”谐音，“絮”与情绪的“绪”谐音，古人折柳相赠，有难舍难分、依依不舍之意。此外，古人认为柳还有避邪的作用，古代有“榆树救荒柳树祛病”的说法，以柳相赠，有预祝好友长途跋涉百邪不侵，旅途平安之意。折柳送别，应该是独属于中国人的浪漫吧。

拓展延伸

清明节气其他植物

（1）杜鹃花

杜鹃花，是双子叶植物纲、杜鹃花科、杜鹃属的常绿灌木、落叶灌木。又名映山红、山石榴。相传，古有杜鹃鸟，日夜哀鸣而咯血，染红遍山的

图 2.7.7 杜鹃花

花朵，因而得名。杜鹃花一般春季开花，每簇花2~6朵，花冠漏斗形，有红、淡红、杏红、雪青、白色等，花色繁茂艳丽。

图 2.7.8　三色堇

（2）三色堇

三色堇，是堇菜科堇菜属的二年或多年生草本植物。基生叶叶片长卵形或披针形，具长柄，茎生叶叶片卵形、长圆形或长圆披针形，先端圆或钝，边缘具稀疏的圆齿或钝锯齿。

图 2.7.9　郁金香

三色堇是欧洲常见的野花物种，是冰岛、波兰的国花。花朵通常有紫、白、黄三色，故名三色堇。该物种较耐寒，喜凉爽，开花受光照影响较大。

三色堇以露天栽种为宜，无论花坛、庭园、盆栽皆适合，但不适合室内种植。

（3）郁金香

郁金香，百合科郁金香属。花丝无毛，无花柱，柱头增大呈鸡冠状，花期4~5月。郁金香是世界性观赏花卉，花朵似荷花，花色繁多，色彩丰润，为春季球根花卉，矮壮品种。宜布置春季花坛，鲜艳夺目。高茎品种适用于切花或配置花境，也可丛植于草坪边缘。中、矮品种适宜盆栽，点缀庭院、室内及切花等。

（4）君子兰

君子兰，原产于南非南部，别名剑叶石蒜、大叶石蒜，是石蒜科君子

图 2.7.10　君子兰

图 2.7.11　含笑花

兰属的多年生草本植物，属观赏花卉。君子兰，株形端庄优美，叶片苍翠挺拔，花大色艳，果实红亮，叶花果并美，有一季观花、三季观果、四季观叶之称，是重要的节庆花卉。

（5）含笑花

含笑花，常绿灌木，芳香花木，苞润如玉，香幽若兰。因为含笑花的花，开而不放、似笑而不语，和国人含蓄内敛特性相吻合，受国人喜欢。所以它的花语为：含蓄和矜持。

第八节　牡丹怒放是谷雨

花信风至谷雨，谷雨这个节气“雨生百谷”，降水明显增加，谷类作物茁壮成长。谷雨花信风三候，一候牡丹，二候荼蘼，三候楝花。

背景知识

二十四番花信风之谷雨三候，一候吹开牡丹花，二候吹开荼蘼花，三候吹开楝花。也就是说从谷雨开始的五天里，风吹牡丹花开；再五天，荼蘼花开……

牡丹，芍药科芍药属植物。多年生落叶小灌木。在栽培类型中，主要根据花的颜色，可分成上百个品种。牡丹品种繁多，色泽亦多，以黄、绿、肉红、深红、银红为上品，尤其黄、绿为贵。牡丹花大而香，故又有“国色天香”之称。花色泽艳丽，玉笑珠香，风流潇洒，富丽堂皇，素有“花中之王”的美誉。唐代刘禹锡诗曰：“唯有牡丹真国色。”清朝末年，牡丹曾被当作中国的国花。1985 年 5 月，牡丹被评为中国十大名花第二名。中国十大名花分别是：花中之魁梅花、花中之王牡丹花、凌霜绽妍菊花、君子之花兰花、花中皇后月季花、繁花似锦杜鹃花、花中娇客茶花、水中芙蓉荷花、十里飘香桂花、凌波仙子水仙花。

荼蘼，又名酴醾、佛见笑、重瓣空心泡，是蔷薇科悬钩子属空心泡的变种。落叶或是半常绿蔓生小灌木，攀缘茎，茎绿色，茎上有钩状的刺，复叶羽状，小叶椭圆形，上面有多数侧脉，形成皱纹。初夏开花，花单生，大型，雪白、酒黄、火红，可大多是白色，单瓣，有香味，不结实。荼蘼属于蔷薇科，落叶小灌木，攀缘茎，茎上有钩状刺，羽状复叶，小叶椭圆形，花白色，有香气，夏季盛放。产于中国陕西秦岭南坡以及湖北、四川、贵州、云南等各省区。荼蘼是春季最后盛放的花，当它开放的时候就意味着春天的结束。“荼蘼不争春，寂寞开最晚。”

楝花，楝科植，物川楝或苦楝的花。苦楝，落叶乔木，高达 10 米；小叶对生，卵形、椭圆形至披针形，圆锥花序约与叶等长，花小，淡紫，清香。裂片卵形或长圆状卵形倒卵状匙形，雄蕊管紫色，无毛或近无毛，花药着生于裂片内侧，且与裂片互生，长椭圆形，子房近球形，无毛，花柱细长，柱头头状。花期恰处农历春尽夏来之时，是二十四番风信花的最后一花。

楝花，是“二十四番花信风”的最后一番花信风，二十四番花信风始于梅花，终于楝花。楝花开后，春芳暂歇，百花凋零，落红遍地，绿叶郁郁，立夏将至，意味着夏季即将来临。

科学味道

1. 谷雨的由来

关于谷雨，有很多有意思的传说。据《淮南子》记载，仓颉造字惊天动地，黄帝在春末夏初发布诏令，宣告仓颉造字成功，并号召天下臣民共习之。这一天，下了一场不平常的雨，落下无数的谷米，后人因此把这天定名谷雨，成为二十四节气中的一个。每年的谷雨节，仓颉庙都要举行传统庙会，会期长达 7~10 天。年复一年，成千上万的人们从四面八方来到此地，人们扭秧歌，跑竹马，耍社火，表演武术，敲锣打鼓，演大戏，载歌载舞，以这种方式来表达对仓颉的崇敬和怀念。

2. 牡丹为什么在谷雨开花？

谷雨前后是牡丹开花的重要时期。“国色天香绝世姿，开逢谷雨得春迟。"这是描写牡丹花开的诗句。"谷雨三朝看牡丹""谷雨过三天，园里看牡丹"等谚语。牡丹的花期在农历三月，正是谷雨时节，谷雨与牡丹花总是相约而至，也作"谷雨花"。古时，每逢谷雨时节，山东菏泽、河南洛阳、四川彭州等地都有观赏牡丹的盛会，及至入夜，观游一天的人们便悬灯宴饮，花意盈盈，可谓人间仙境，人们称之为"牡丹花会"。早开品种在谷雨过后 3~5 天开始开花。中期品种谷雨前后初开或盛开，晚开品种谷雨过后 3~5 天开始开花。整个开花期可以延续 10~15 天。一般开花期为 7~10 天。

图 2.8.1　牡丹花

3. 牡丹为什么要在秋季栽植?

俗话说："春分种牡丹，到老不开花。"这句话的意思是，如果牡丹花在春天种植，虽然也能够长出植株，却是很难开花的，也就是牡丹不适合在春季种植。那么，牡丹花什么时候种植比较好呢？最佳的时间是在秋季的 9~10 月份，因为牡丹的根系是在冬天生长的，第二年春季的时候，就能长出新的植株了。

春季，牡丹进入长根的阶段，这个时节栽牡丹容易伤根，春季还生长开花，长叶片开花都是需要养分的，由于地上部分消耗的养分比它长根的速度要快很多，根本就供应不上，等它开完花以后，你会发现它整个植株的叶片会枯萎掉，主干会从顶部慢慢地回抽。

夏季高温，牡丹整个地面以上的部分基本上就停止生长了，枝条就会进入一个花芽分化的阶段，这时候的根系活动是变得非常微弱，如果这个时候栽植，处于半休眠的状态。

到了秋季以后气温逐渐下降，牡丹的根系就会开始生长，大量的营养物质会在根部积累，通过根系吸收的养分就会积累到主根当中，去供应它明年长叶片长新芽去开花。所以说这个季节刚刚叶片和枝条进入休眠状态，栽植最合适。

冬季温度很低了，牡丹的耐寒性是非常强的，这个季节它的根系也会进入休眠的状态，地上地下的部分都进入了休眠状态，栽植后根系受损就会导致它养分消耗过度而死掉。

4. 牡丹和芍药的区别

牡丹，芍药科的多年生落叶灌木，花单生在枝顶，花瓣为五瓣或为重瓣。古时牡丹在很长的一段时间里，与芍药混称在一起。秦以前的典籍中，只有芍药而无牡丹的记载。直到秦汉之际，才从芍药中分出，因为和芍药花型十分相似，难以分辨，故被称为“木芍药”，这才有了木芍药和草芍药的说法，同时也出现了牡丹的名称，但“木芍药”之名仅延续到唐代。

牡丹和芍药同是芍药属，如果单从花上去分辨牡丹和芍药，是很难将两者区分开的。那么如何从外观上进行辨别呢？首先，最直观且简单的方法便是看它们的茎干，牡丹是落叶小灌木，因此拥有木质化的茎，摸上去很粗糙；而芍药是多年生的宿根草本植物，茎干是草质的，摸上去光滑。其次，牡丹的叶片宽大偏厚，前端会有浅裂，叶色较暗，无光泽；芍药的叶片狭长较薄，前端又窄又尖，不分裂，叶片较亮。此外，牡丹和芍药的花期也不一样，北京、山东、河南等北方地区，牡丹常在四月上中旬开花，而芍药花期会比牡丹迟半个月左右，故民间常有“谷雨看牡丹，立夏看芍药”

图 2.8.2 牡丹花

图 2.8.3 芍药花

的说法。

5. 荼蘼、野蔷薇，傻傻分不清楚

自然界中有很多类似的物种，在植物界也是如此，我们会看到很多一样的类似的植物，它们只是有一些细小的差别，但是万一哪天细小的差别没了，那真的会闹出笑话的，就像水仙花一样，只要在还没有开花的时候，那它就好像是在“装蒜”，这样的尴尬真的不是人为做出来的，还真的是大自然天然存在的笑话。

荼蘼花与野蔷薇最为明显的区别就在于花期和花朵形态的不同。荼蘼花的花朵重瓣，芳香，花常 1~2 朵，顶生或腋生。花直径 3~5 厘米，花瓣长圆形、长倒卵形或近圆形，长 1~1.5 厘米，宽 0.8~1 厘米，花期在 6~7 月份；而野蔷薇的花朵则是排成圆锥状花序，花直径 1.5~2 厘米，花瓣白色并呈宽倒卵形，花期在 5~6 月份。

图 2.8.4　荼蘼

图 2.8.5　野蔷薇

6. 楝花的用途

楝树属于芸香目楝科楝属落叶乔木，楝属植物大约有 20 种，其中我国主要是苦楝和川楝两种，苦楝野生分布于山东、河南、河北、山西、江西、陕西、甘肃、台湾、四川、云南、海南等省；川楝野生分布于中国甘肃、湖北、四川、贵州和云南等省。

（1）作为木材

楝树为落叶乔木，它的树皮大多为灰褐色，它的枝条很光滑，没有绒

图 2.8.6　楝花

毛。楝树的边材为黄白色，心材为黄色或红褐色，它的树木纹理粗而美，质轻软，有光泽，施工易，经久耐用，是制作家具、建筑、乐器、农具等物品用的良好材质。

（2）驱虫

楝树皮、楝树叶、楝树子具有明显的驱虫效果，萃取的楝素是极佳的生物环保杀虫剂。在印度，楝树被称为神树，楝树在现代农业方面的应用也来越广泛，作为良好的绿化树木，有着极强的净化空气的能力，还可以有效避免蚊虫骚扰，因此越来越多受到城市绿化的重视。

（3）作为药材

楝树多生长在低海拔的旷野、路边或疏林中，楝树果实功效与作用在于可作为药材入药。

（4）楝树油

楝树果实中含有油脂，可以将它的果实加工制成油漆、润滑油、肥皂、油膏等物品使用。虽然楝树果实具有很高的利用价值，但它的果实有毒，因此平时不能私自使用它的果实，通常可以在专业人士的指导下进行操作。

拓展延伸

谷雨节气其他植物

（1）佛甲花

图 2.8.7　佛甲花

佛甲草，每年四、五月份开花，开着黄色小花，可以成丛地生长在贫瘠的土壤中，适应性极强，耐干旱，耐寒，耐高温。就算气温高达 50 度以上，就算连续近一个月不下雨，它也能照样生长。

（2）郁金香

每年三、四月份开花。现在郁金香已经培育出了八千多个品种，常见的有 150 多种，这是一种高贵的花卉，常被用来作大型庆典、高档花境、高规格礼仪用花。耐寒性很强，可适应零下 14 摄氏度的低温。

图 2.8.8 郁金香

（3）薰衣草

每年的四至六月份开花。它以其芳香的气味而著名，蓝紫色的小花优美典雅，而且它还很耐寒。耐寒的薰衣草种类植株一般较矮小，生长茂密，花很小，但花序很多很浓密，盛开时景色非常壮观。有些种类的薰衣草还有颜色丰富的花萼片，在花开之前色彩斑斓，看上去很有趣。

图 2.8.9 薰衣草

（4）美人蕉

美人蕉，花大色艳、植株高壮，常成为装饰园林景观的抢眼材料。多年生花卉，栽培起来还比较容易。除了具有美化环境的作用之外，美人蕉还可以吸收有害气体，净化环境。

图 2.8.10　美人蕉

（5）金光菊

金光菊，花期从二月份一直能延续到九月份的金光菊，总是显现出一种生机勃勃的景象。由于它长得有些像小型的向日葵，因此，人们也叫它假向日葵。适合公园等公共场所的景观布置。

图 2.8.11　金光菊

第三章

“万物有灵”之生命气息

宋代无名氏《西江月》词云：“不从龟鹤问年龄，万物有衰有盛。”自然界不仅花草树木和气候变化息息相关，按照一定的季节时令生长变化，动物也是如此。古人对此，早有观察、总结，根据黄河流域的自然、气候和自然界的一些景象，编写了“七十二候”。不同物候对应不同的动物活动，比如冬至之日蚯蚓结、小寒之日雁北乡等。本章内容带你认识不同物候的不同动物的特点和表现。里面有许多有趣的科学知识，比如燕子、大雁为什么冬去春来，蝉为什么只在夏天鸣叫，土鳖虫如何越冬，动物为什么冬眠，以及关于蚯蚓、螳螂、鹿角、寒号鸟、老虎、喜鹊等一些动物的科学知识和农耕方面的知识，希望你能够喜欢。

第一节　蛰虫始作　鱼陟负冰

立春节气是农历二十四节气中的第一个节气。“立”是“开始”的意思，春，蠢也，动而生也。意味着闭藏的冬天结束了，开始进入风和日丽、万物生长的春季，世界开始变得生动起来。

背景知识

中国传统将立春的十五天分为三候：一候东风解冻，二候蛰虫始振，三候鱼陟负冰。其中“东风解冻”是指立春节气，东风送暖，土地开始慢慢化冻。立春5日后，大地回暖，冬眠的动物也慢慢苏醒，这就是“蛰虫始振”。虫子大多会危害农作物的生长，因而在传统农耕社会，人们会密切关注其动向。古人还专门为此设置了一个节气，也就是大家所熟知的农历二月的惊蛰。所谓“鱼陟负冰”，说的是立春10日后，河水开始解冻，鱼儿也争先恐后浮到水面。此时水面上还有没完全融化的碎冰片，就感觉鱼是背着冰块在游泳一样。因此古时称为“鱼上冰”，到元代《元史志》方改为较为文雅的“鱼陟负冰”。鱼陟负冰，既写实又写意，是一则很有情趣的物候标识。

科学味道

1. 苏醒的虫类为什么“动而未出”？

环境温度的升高可能是觉醒信号之一。当冬眠动物体温到达15℃时，骨骼肌战栗，增加产热，从而温暖身体。在有着重要器官的胸部和头部，温度会比起其他身体部位恢复得更快，所以蛰虫苏醒。但是立春节气期间气候的最大特点就是乍暖还寒：一是日夜温差较大；二是冷空气活动频繁。这乍暖还寒的日子，恰是它们生命中最脆弱的时刻。因为昆虫体内的营养物质在越冬过程中已消耗殆尽，昆虫在复苏过程中因突遇低温或找不到食物而死亡。虫儿虽感受到了春之暖意，却也知气温还不够高，所以只在洞穴里微微地翻了个身，并未着急破土而出。知道“出处有时”，还需蛰伏一段时光。因此物候里用了“始振”一词，即刚刚从冬眠中被惊醒而已。

2. 水面结冰为什么鱼儿可以生活？

想要搞清楚这个问题，首先我们要知道鱼生存所需要的条件：水、空气（氧气）、营养物质、适宜的温度。水中会溶解一部分氧气，也有鱼儿的食物，但冰面将外界空气和水层隔绝，势必导致水中氧气减少，食物缺乏，那么鱼儿怎么存活呢？鱼是冷血动物，冷血动物的体温随着环境温度的改变而改变。如环境温度降低时，自身体温就会降低，那么自身的新陈代谢就会减慢，大约是正常状态的1/7。所以在冬季，鱼在低氧少食的情况下也能满足其生命活动的需求。

河水已经结冰，温度最多是0℃，在这种温度下，为什么冬天水中的鱼冻不死？冰下水温是多少呢？为什么水面结冰水下不结冰？

这是因为水凝固是从水面开始，然后向下扩散，因此水面温度低于水下。水有“反常膨胀”的性质。一般而言，物体是热胀冷缩，但对于水，4℃是一个温度是分界点：水在0℃~4℃时热缩冷胀，在4℃以上时热胀冷缩。因此，当冬季气温下降且河水表面的水温在4℃以上时，

图 3.1.1 鱼陟负冰

上层的水冷却，体积缩小，密度变大，于是下沉到底部，而下层的暖水因密度小就升到上层来。这样，上层的冷水跟下层的暖水不断地交换位置，河水的温度逐渐降低。这种热的对流现象只能进行到所有水的温度都达到4℃时为止。当水温降到4℃以下时，上层的水反而膨胀，密度减小，于是冷水层停留在上面继续冷却，一直到温度下降到0℃，上面的冷水层结成冰为止。当冰封水面之后，水的冷却就依靠水的对流方式来进行热传递。由于水的导热性能很差，因此河底的水温仍保持在4℃左右。水的这种“反常膨胀”特性，保证了水中动植物能在寒冷季节里生存下来。

综上所述，河面结冰，水下还更暖和，合适鱼生存。冬天河面上结了一层厚厚的冰，这层冰就像是给河面上盖了一层厚厚的棉被一样，不管外面天气多冷，冰下面的河水都可以保持在4℃左右，所以鱼儿可以照样游来游去，不会被冻死，只是没有夏天那么活泼而已。

3. 为什么冰面融化时，鱼儿游上河面?

首先，随着冰层不断加厚，水中的氧气难以得到补充。其次，鱼儿和水生生物的呼吸作用，以及微生物对有机物的分解作用等消耗了水中大量的氧气，因此水中的溶氧量不断下降。当降低到鱼儿因缺氧而难以生存时，鱼儿必须寻找氧气充足的地方生活。所以鱼儿从水底逐渐向上层迁移，最后聚集在冰孔周围，甚至跃出水面，以吸取足够的氧气。

其次，鱼是冷血动物即变温动物，当冰面融化、气温上升时，鱼的体温也在升高，新陈代谢加快。这时，需要较多氧气和营养物质才能满足自身对能量的需求。所以，鱼儿都浮到水面呼吸更多氧气和寻找食物。另外，许多鱼类都有趋光性。冬天，厚厚的冰层使水下光照很弱，冰孔处光线则较为充足，因此鱼儿喜欢聚集在冰孔周围。

拓展延伸

立春与农耕

“春争日，夏争时，一年大事不宜迟。”在农业生产中，立春后开始计划农事活动安排，对全年丰收打好基础具有重要意义。时至立春，气温、日照、降雨时常处于一年中的转折点，趋于上升或增多。小春作物长势加快，油菜抽薹和小麦拔节时耗水量增加，应该及时浇灌追肥，促进生长。虽然立了春，但是华南大部分地区仍是“白雪却嫌春色晚，故穿庭树作飞花”的景象，因此要预防寒潮低温和雨雪天气对农业生产的影响，农村要抓紧对越冬作物的田间管理，中耕松土，追施返青肥，防冻保苗。其次随着气温升高，大棚内瓜菜易发生灰霉病、疫病、枯萎病及蚜虫危害，病虫防控也很重要。

第二节　玄鸟至　燕来也

春分，每年公历大约为3月20日左右，这一天太阳直射地球赤道，南北半球季节相反，北半球是春分，在南半球来说就是秋分。究竟分了什么呢？平分了春季，平分了昼夜，平分了寒暑。“分”字是指九十天的春季分为两半，自此进入风和日丽、万紫千红的争媚时节。

背景知识

春天的中分点，“阴阳相半，昼夜均而寒暑平，各为12小时”。二十四节气中的“春分”，正是因此而得名。春分分为三候。初候，玄鸟至，燕来也；二候，雷乃发声；三候，始电。意思是说春分日后，燕子开始从南方飞回来，下雨时天空会打雷并伴有闪电。虽说惊蛰有雷声，可是真正多雨的时节是在春分，这个时候天气转暖，雨水增多，空气潮湿，于是有二候“雷乃发声”。由于雨量渐多，伴随着的是雷声和闪电。这时人们经常可以看见从云间凌空劈下的闪电。

科学味道

1. 玄鸟是什么鸟？

观点一：玄鸟是古代中国神话传说中的神鸟。玄鸟的初始形象类似燕子，出自《山海经》：“北海之内有山，名曰幽都之山。黑水出焉，其上有玄鸟、玄蛇、玄豹、玄虎，玄狐蓬尾。”随着部落的发展，到了后期的形象进化为鸡

图3.2.1　玄鸟

冠，孔雀尾的凤凰。

观点二：古代有玄鸟生商的说法，“天命玄鸟，降而生商，宅殷土芒芒。”经过考古发掘，多数专家认为这里的玄鸟是指鸮，即猫头鹰。迄今为止，在出土的商代及商代以前的很多石器、陶器、青铜器上都能见到精美的鸮的图案，尤其是在商代的青铜礼器当中出现最多的鸟就是鸮。另外，甲骨文中的商字，有学者认为是一只猫头鹰的大脸。所以鸮是商朝崇拜的图腾。

观点三：“玄鸟氏，司分者也。”意思是说，玄鸟氏管理春分和秋分。这说明玄鸟是候鸟，很多鸟类都具有按照季节变化而迁移的特性。秋天南飞，春天北飞，非常有规律，可以知农时，耕种农业，所以物候里的玄鸟是指燕子。玄，就是黑色的意思，因燕子通体黑色，故名“玄鸟”。以貌取名，简单朴素。

2. 燕子为什么冬走春回？

每年一到秋天，这些鸟类就开始从北方向南方迁移，到热带地区去度过冬天。而春天又会从南方飞回北方温带地区来繁衍后代。这些随着季节变化而南北迁移的鸟类，被称为候鸟。燕子是一种候鸟，鸟类的迁徙的关键原因是气温和食物。

气温在我国北方，到了每年的10月中旬开始，天气逐渐转凉，之后就会进入寒冷的冬天，而燕子虽然身上有羽毛，但是它们的御寒能力较差。所以向南方迁徙会为了寻找更温暖的环境。

食物燕子是以蚊、蝇、蝗虫、蛾子等昆虫为食，不像麻雀是杂食性的鸟类。据统计，一只燕子一个季度可捕食25万只害虫。燕子飞行速度高达90公里每小时，习惯在空中飞行时捕捉昆虫吃。在寒冷的北方，有些昆虫进入休眠或者是已经死去，而燕子由于喙短又无法用鸟喙寻找深埋于土壤之下的昆虫卵，以至于它们只能飞往温暖的南方寻找食物。

燕子翻越了千山万水才迁移到南方，为何不常年留下来？而要在来年4月份再千里迢迢地重返北方温带地区呢？

因为温带地区（北方）的夏季昼长夜短，所以燕子们就会有更长的白天可以觅食哺育小鸟，这样就避免了在物种繁多的热带地区养育小鸟所必须面临的巢位和食物的竞争。而温带地区夏季的昆虫量也比热带地区丰富，所以燕子在北方温带地区度过夏天，会有更丰富的食物。

南方的物种相较于北方更加丰富，鸟类的天敌比如蛇类、猛禽、野兽的种类也相应地更加繁多，而北方由于气候的原因，燕子的天敌也更加少，这样也就可以更加安心地繁衍后代。

3. 燕子如何找到旧巢？

“燕子归来寻旧垒，风华尽处是离人。”这是一首1000年前流传下来的宋词，早在北宋之前，人们就发现了燕子寻旧巢而居的现象。

关于燕子的这种能力，科学家普遍有以下几个说法：

天文导航论：动物们有相当大一部分会利用星辰定位。例如蜣螂（俗称屎壳郎），无论离巢穴多远，都能把粪球沿笔直的方向推回家；大多数鸟儿都是夜间迁徙，科学家们通过实验发现，鸟类和蜣螂会记住自己住所处的星辰位置，然后通过天空中星辰位置在自己视觉里的变化进行导航。

地磁感应论：科学家认为鸟类可以感应地球磁场的细微变化来确定自己的位置以及自己将要去的位置。鸟类是如何感知磁场的？鸟类具有精妙的感光蛋白，其中一种是Cry4蛋白质，在地磁导航的过程中，正是这种感应蛋白的辅酶作用，能让鸟类通过视觉感知到地磁变化。科学家们相信Cry4蛋白在鸟类的视觉上起一种过滤器的作用。这种过滤器允许鸟儿来看地球的某种罗盘并据此引导它们的迁徙飞行。

无论何种理论，最终都没有定论。于是更多的理论出现了，例如嗅觉记忆论、视觉记忆论等。我们始终相信，一个秘密是很难靠单一的学科去解答的，当人类真正了解自然的某个奥秘的时候，背后通常有多个领域的科学家们的共同努力。长路漫漫，而这，正是人类对自然不断深入探索的一个缩影。

拓展延伸

春分与农耕

“一场春雨一场暖，春雨过后忙耕田。”春分一到，雨水明显增多，气候温和，雨水充沛，阳光明媚，中国大部分地区的越冬作物进入春季生长阶段，正是农耕的大好时节。从气候规律说，这时江南的降水迅速增多，进入春季“桃花汛”期；而在“春雨贵如油”的东北、华北和西北广大地区，降水量依然偏少，抗御春旱的威胁是农业生产上的主要问题，因此北方春季少雨的地区都抓紧进行春灌，浇好拔节水，施好拔节肥，农谚“春分麦起身，一刻值千金”及“春分麦起身，肥水要紧跟”就是这种繁忙生产的真实写照。对南方来说，早稻育秧工作已经开始，但由于早春天气冷暖变化频繁，因而要注意在冷空气来临时浸种催芽，冷空气结束时抢晴播种，故群众有经验说“冷尾暖头，下秧不愁”，其意在提醒人们要根据天气情况，争取播后有 3~5 个晴天，以保一播全苗。另外，此时春茶也开始抽芽，应及时追施速效肥料，防治病虫害，力争茶叶丰产优质。

第三节　蝼蝈鸣　蚯蚓出

每年5月5日或5月6日是农历的立夏。"斗指东南，维为立夏，万物至此皆长大，故名立夏也。""夏"是"大"的意思，指春天播种的植物已经直立长大了。立夏，是标示万物进入旺季生长的一个重要节气。

背景知识

立夏后，日照增加，逐渐升温，炎暑将临，雷雨增多，农作物进入了茁壮成长阶段。一候蝼蝈鸣，二候蚯蚓出，三候王瓜生。即说这一节气中首先可听到蝼蝈在田间的鸣叫声，5日后大地上便可看到蚯蚓掘土，再过5日，王瓜的蔓藤开始快速攀爬生长。王瓜又名土瓜，是一种华北特产的药用爬藤植物，生长于田间地头。

图 3.3.1　王瓜

科学味道

1. 蝼蝈是蝈蝈吗？

关于蝼蝈这个动物，一直以来都很神秘，也曾有过一些争议。

汉朝的大儒郑玄十分自信地认为蛙就是"蝼蝈"。清朝学者朱右曾在给《逸周书・时训》作校注时写道："蝼蝈，蛙之属。蛙鸣始于二月，立夏而鸣者，其形较小，其色褐黑，好聚浅水而鸣。"

图 3.3.2　蝼蝈

为蝼蝈是蛙类，做了详细的解释。

但早在我国第一部辞书《尔雅》中就有把“天蝼”解释为“蝼蝈、蝼蛄”等记载。蝼蛄是一种杂食性的害虫，常在夏天的夜间、清晨活动在田地间。它们常常藏在地表之下，偷食农民播种的种子和农作物的根部。因为擅长挖掘、趴土，民间也称它们为“土狗子”。在年复一年的循环里，人们发现，每年的立夏它们都活跃在农田野外中鸣叫不止，因此把立夏的一候定为了“蝼蝈鸣”。不难看出，这样的解释比较合理，蝼蝈是“蝼蛄”的可能性比蛙类更靠谱。因此，现在已有很多人默认为是“蝼蛄鸣”了。

2. 为什么立夏时蚯蚓出？

这与蚯蚓的生活习性密切相关。蚯蚓喜欢生活在温暖、潮湿、透气、阴暗、疏松的土壤中，属夜行性动物，白昼蛰居泥土洞穴中，夜间外出活动。下面着重从温度和氧气两方面分析：

温度：蚯蚓适宜的生长温度在 15℃ ~30℃，适宜温度为 20℃ ~25℃，0℃ ~5℃开启休眠，32℃以上即停止生长，40℃以上死亡。冬眠时，蚯蚓一般钻入地层深处的非冻土层，最深可钻入近 2 米深的土壤中。立夏时，全国大部分地区平均气温在 18℃ ~20℃上下，地表温度适宜，而深处土壤温度较低，所以蚯蚓会爬到地表活动，一般生活在 5~30 厘米深的表层土壤。

氧气：陆生蚯蚓没有特化的呼吸器官，靠皮肤呼吸。氧气是通过潮湿的角质层及表皮渗透进入微血管网中。由于气体必须先溶于水中才能供蚯蚓呼吸，因此蚯蚓的背孔会分泌黏液保持体表的湿润。当氧气扩散进入血管后，主要靠蚯蚓血红素携带氧气运送到各个组织中。立夏时蚯蚓新陈代谢加快，对氧气需求增大，所以纷纷爬到地表上来呼吸新鲜空气。

图 3.3.3　蚯蚓

3. 为什么蚯蚓能够在土壤中存活呢?

首先，蚯蚓的体腔液可以湿润身体，并增加它在土穴中的润滑，减少与粗糙沙土颗粒的摩擦，防止体表干燥。其次，蚯蚓靠皮肤进行呼吸，其实土壤颗粒之间有空隙，蚯蚓生活在土里，呼气吸气不费力。再者，蚯蚓可以在土壤中摄食和活动。土壤中的腐殖质为蚯蚓提供了丰富的食物，虽然蚯蚓头部因穴居生活而退化，但其身体的前端有肉质突起的口前叶、口前叶膨胀时，能摄取食物；当它缩细变尖时，又能挤压泥土和挖掘洞穴。蚯蚓可以利用肛毛在土壤中蜿蜒前进或后退。综上所述，蚯蚓由于长期生活在土壤的洞穴里，它的身体形态结构与生活习性等方面必然会对生活环境产生一定的适应，这是自然选择的结果。

4. 雨后的地面上为什么有很多死亡的蚯蚓?

古人有“蚯蚓往上爬，雨水乱如麻”的气象俗语。蚯蚓在雨后引颈出洞的原因是多方面的。湿润的地表环境是它们远距离迁徙的必要条件。经过雨水冲刷之后，地面变得潮湿起来，这时候蚯蚓所能到达的距离远远超过平时，所以冒险出行对它们来说还是很值得的。雨水滴落在地面上所形成的啪啪作响的声音对蚯蚓来说，是一种危险的信号；它们可能会误认为有捕食者来袭。为了避免成为鼹鼠等动物的口中餐，它们只好拼命往地面上钻，然后奋力逃跑。由于降雨量大，雨水把土壤中的缝隙塞满，土壤水分饱和排挤了空气，造成水中溶氧量减少，蚯蚓呼吸困难，于是纷纷出洞。

为什么有很多蚯蚓在雨后放晴死亡呢？因为蚯蚓是在潮湿的环境中生存的，而夏天的气温比较高，往往下雨以后没多久太阳就出来了。地面上的雨水会被晒干，蚯蚓表面的黏液也会快速被蒸发，蚯蚓就不能通过皮肤的黏液呼吸。如此一来，蚯蚓就会很快窒息而亡。

拓展延伸

1. 蚯蚓在生态系统中的作用

人类文明的兴盛离不开沃土，而土壤之所以肥沃，离不开蚯蚓。蚯蚓吃的是“垃圾”，排出的是“肥料”，没事还给土壤“疏通脉络”，被形象地誉为“生态系统工程师”。

蚯蚓能使土壤疏松、增强土壤通气性和透水性，有利于土壤微生物的繁殖，有利于腐殖质转变为无机盐供作物根部吸收。此外，经蚯蚓肠道转化而成的大部分营养物质与土壤密切复合，蚯蚓粪便成为土壤中营养丰富、品质优良的团粒结构，这些团粒结构具有疏松、多孔，水稳性强、有效养分多的特点。蚓粪里没有消化吸收的有机物能增加土壤肥力，把酸性或碱性土壤变为适合于农作物生长的接近中性的土壤，并增加磷、钙等速效成分，有利于作物生长。

2. 立夏与农耕

立夏时节，万物繁茂。“孟夏之日，天地始交，万物并秀。”这时夏收作物进入生长后期，冬小麦扬花灌浆，油菜接近成熟，夏收作物年景基本定局，故农谚有“立夏看夏”之说。“多插立夏秧，谷子收满仓”，立夏前后正是大江南北早稻插秧的火红季节。“能插满月秧，不薅满月草”，这时气温仍较低，栽秧后要立即加强管理，早追肥，早耘田，早治病虫，促进早发。中稻播种要抓紧扫尾。茶树这时春梢发育最快，稍一疏忽，茶叶就要老化，正所谓“谷雨很少摘，立夏摘不辍”，要集中全力，分批突击采制。棉花在阴雨连绵或乍暖乍寒的天气条件下，通常会引起炭疽病、立枯病等病害的发生，造成大面积的死苗、缺苗。小麦抽穗扬花之际最易感染赤霉病，若预计未来有温暖但多阴雨的天气，要及时在始花期到盛花期喷药施治。同时要防止田间积水，雨后应及时排涝降渍，尤其在扬花期及成熟期，不宜过量灌溉，控制田间湿度，做好赤霉病预防工作。

第四节　䴗始鸣　反舌无声

芒种，每年的6月5日左右，太阳到达黄经75°时为芒种。芒种的“芒”字，是指麦类等有芒植物的收获；而“种”字，是指谷黍类作物播种的节令。“芒种”二字谐音，也称为“忙种”。“忙着种”预示着要开始忙碌的田间生活。

背景知识

芒种时节，我国中部的长江中、下游地区，雨量增多，气温升高，进入连绵阴雨的梅雨季节，空气十分潮湿，天气异常湿热，各种衣物器具极易发霉，所以在长江中下游地区把这种天气叫作“黄梅天”。这个时节气温显著升高、雨量充沛、空气湿度大，适宜晚稻等谷类作物种植。农事耕种以这一时节为界，过此之后成活率就越来越低。

我国古代将芒种分为三候：一候螳螂生，二候䴗始鸣，三候反舌无声。意思是在这一节气中，螳螂在去年深秋产的卵因感受到阴气初生而破壳生出小螳螂；喜阴的伯劳鸟开始在枝头出现，并且感阴而鸣；与此相反，能够学习其他鸟鸣叫的反舌鸟，却因感应到了阴气的出现而停止了鸣叫。

科学味道

1. 芒种时为什么会“螳螂生”？

螳螂的生活周期均在一年内完成，一生中经过卵、若虫、成虫三个发育阶段，故属于不完全变态类的渐进变态。每年7月中旬，多数种类即陆续进入成虫期，于8月下旬经雌雄交配。交配前期是螳螂取食量的最高峰，

图 3.4.1 螳螂

当食物贫乏时，雌性有进攻雄性并作为猎物而取食，人们称为“妻食夫”现象。

雌虫选择树木枝干或墙壁、篱笆、石块上、石缝中产卵。各种螳螂均以卵鞘保护卵细胞度过寒冬。翌年 6 月初，越冬卵开始孵化，故有“仲夏螳螂生”的说法，一直延续到 7 月上旬，卵的孵化时间早晚，除与当年的温湿度有关外，还与产卵处所接受光照的强度或时间长短很有关。

2. 芒种时为什么“䴗始鸣”？

鸟类的鸣叫，是个体间相互信息的传递，以表示欢快、惊恐、召唤、呼应、发情、求偶等生理状态，是鸟类生活中通过声系统的重要联系信息。

䴗即伯劳鸟，是一种候鸟。繁殖期通常在 5~7 月份，芒种节气正处于伯劳鸟的繁殖期。有科学家对伯劳繁殖期的声音通信行为进行了研究，结果显示伯劳繁殖期的鸣声有占区鸣声、驱逐鸣声、求偶鸣声、幼鸟乞食声、召唤和应答六种叫声，并且得到了各种鸣声的语谱图及频谱特征。繁殖期间最常见的是单音节鸣叫，鸣声响亮，频率很高。伯劳雄鸟的占区鸣叫在整个繁殖期都有，这对领域的维持可能具有重要作用。

芒种时伯劳的鸣叫声中可能还包含了效鸣。大部分伯劳具有出色的效鸣能力，就是模仿含有其生境中其他鸟类、动物以及人造声。在春夏繁殖季节，留鸟及夏候鸟发出鸣声频繁，经常被伯劳听到鸣声的鸟种更有机会被效鸣。有学者推断与其捕食行为有关，即能通过效鸣吸引其他鸟类

图 3.4.2 伯劳鸟

靠近进而方便其捕捉，但也有学者指出伯劳主要以无脊椎动物为主，鸟类只占 11.1%，在繁殖期亦是如此。在野外自然条件下，也没有发现任何其他鸟类由于听见伯劳的效鸣声中含有本种的声音而靠近伯劳。

3. 芒种时为什么“反舌无声”？

古人中的反舌鸟又称乌鸫（dōng），其貌不扬，通体漆黑，只有眼圈和喙部呈黄色（雌性和初生的乌鸫没有黄眼圈），和乌鸦颇有几分相像。它的叫声清脆悦耳，百变婉转，它可以活灵活现地模仿各种鸟的叫声——画眉、燕子、黄鹂、柳莺、小鸡等，甚至还可以模仿狗叫、拉警报和摩托车打火的声音，因而得名“反舌鸟”。

图 3.4.3　反舌鸟

每年的 3 至 7 月是乌鸫的繁殖期，也是它们歌兴大发的时期。由于乌鸫没有鲜艳的羽毛，所以只有依靠动听的歌声，才能够吸引雌鸟青睐，从而获得繁殖的机会。3 月上旬雄乌鸫每天清晨鸣叫，鸣声宛转悠扬；3 月底或 4 月初开始营巢；筑好巢后即行产卵、孵卵、育雏。育雏时间在 5~6 月。在育雏期，乌鸫的警戒性非常强，且雄鸟比雌鸟谨慎得多，例如雄鸟和雌鸟的出入巢路径差异很大。雌鸟多趋向于比较暴露的路径，而雄鸟选择比较隐蔽安全的路线，且比较固定。当双亲离巢觅食时，若有其他鸟在巢区喧哗，双亲会回巢区观察，不立即入巢，带安全后才入巢或继续觅食。古人所说的“反舌无声”，可能是乌鸫育雏，保持低调以保护幼鸟的行为。

拓展延伸

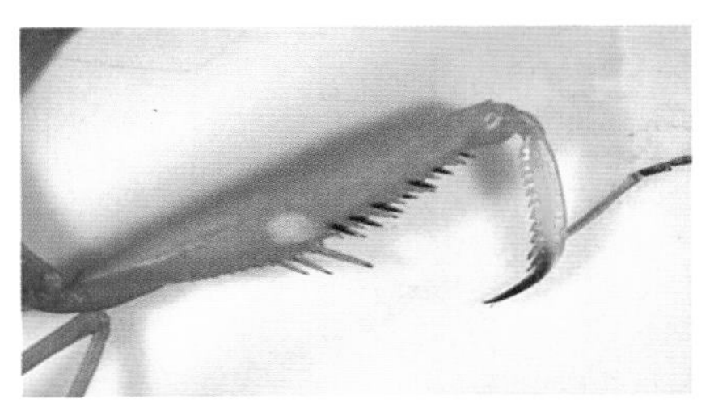

图 3.4.4　螳螂腿

1. 螳螂：天生的猎手

螳螂可以说是天生的猎手，在它们的眼里有很多东西都是可以吃的，比如说苍蝇、金龟子、蚂蚱、菜青虫等，有人戏称螳螂是农业害虫的天敌，大概有 60 多种对农业有害的虫子都是螳螂喜欢吃的食物，特别是蝗虫和苍蝇。古有“螳臂当车”的俗语，作为一个弱小的昆虫来说，即使面对比自己体积强大多倍鸟类和蛇类，螳螂也毫不畏惧。螳螂的优势在哪里？

（1）速度

螳螂的动作非常迅速，在捕食的时候出手速度仅仅为 0.01 秒，许多猎物根本来不及反应，就成为螳螂的口中美餐了。

（2）体型结构

螳螂属于无脊椎动物，一般螳螂的身形长度大约为 5~13 厘米，有的体型稍微偏大一点的可以达到 14.5 厘米，其头部是呈三角形的，螳螂的身体可分为头、胸、腹三个部分，并且在胸部长了三对足。螳螂的“大刀”

图 3.4.5　兰花螳螂

图 3.4.6　枯叶螳螂

也就是螳螂的前肢，这双前肢上布满了锯齿状的刺，这些锯齿是长短交错排列的，使其在攻击的时候啮合点更多，能够增加"大刀"的攻击性，在前肢的末端还排列着倒钩，这些倒钩能够把猎物牢牢地钩住，这双"大刀"在攻击猎物的时候不仅十分有力量，而且出手的速度极快，能够在毫秒之间瞬间战胜对手，"螳螂拳"的创始人王朗就是根据螳螂这双"大刀"的攻击特性，创造了我国武学文化中的传统代表——"螳螂拳"。

（3）惊人的咬合力

螳螂的咬合力也是不容小觑的，螳螂的口器和上颚十分发达，能够爆发出非常强劲的力量，其嘴部肌肉相当发达，而且牙齿锋利，如果是进入到螳螂口中的东西，无一例外几乎都无法逃脱，而且就算是甲壳类的比较坚硬的生物，螳螂也能够轻易地咬穿。

（4）保护色

螳螂还是天生的"伪装大师"，大多数螳螂不但具有保护色，并且体形可像绿叶或褐色枯叶、细枝、地衣、鲜花或蚂蚁，依靠这样的拟态不但可以躲过天敌，而且在接近或等候猎物时不易被发觉。螳螂中拟态最为传神的当属兰花螳螂。它们通常体长 3~6 厘米。初生幼体呈现特殊的红黑二色组合，在第一次蜕皮之后才会转变为白色和粉红色相的兰花体色。到成虫之后，粉红色会消失而出现棕色的色斑，体色也会由乳白色转变为浅黄色。兰花螳螂的步肢演化出类似花瓣的构造和颜色，可以在兰花中拟态而不会被猎物察觉。兰花螳螂主要是在兰花上等待猎物上门，所以它们捕食的对象多半也是围绕花朵生活的动物，可谓是动物界中最高明的掠食者之一。

2. 芒种的主要农事

芒种节气在农耕上有着相当重要的意义。农历书说："斗指巳为芒种，此时可种有芒之谷，过此即失效，故名芒种也。"即芒种节气适合种植有芒的谷类作物，过此即失效。民谚"芒种不种，再种无用"讲的就是这个道理。此时我国绝大部分地区的农业生产处于"夏收、夏种、夏管"的"三夏”大忙季节。

忙夏收，是因为麦已成熟，若遇连雨天气，甚至冰雹灾害，会使小麦无法及时收割、脱粒而导致倒伏、落粒、穗上发芽、烂麦场。必须抓紧一切有利时机，抢割、抢运、抢脱粒。

忙夏种，是因为夏大豆、夏玉米等夏种作物的生长期有限，为保证到秋霜前收获，必须提早播种栽插，才能取得较高产量。

忙夏管，是因为“芒种”节气后雨水渐多，气温渐高，棉花、春玉米等春种的庄稼已进入需水需肥与生长高峰，不仅要追肥补水，还需除草和防病治虫。否则，病虫草害、干旱、渍涝、冰雹等灾害同时发生或交替出现，春种庄稼轻则减产，重则绝收。

芒种节气，我国大江南北的农事活动如果用一首歌谣来概括特点，那就是：“芒种夏至麦类黄，快打快收快入仓。夏播作物抓紧种，田间管理要跟上。江南梅雨季节到，暴雨冰雹要预防。”

第五节　鹿角解　蜩始鸣

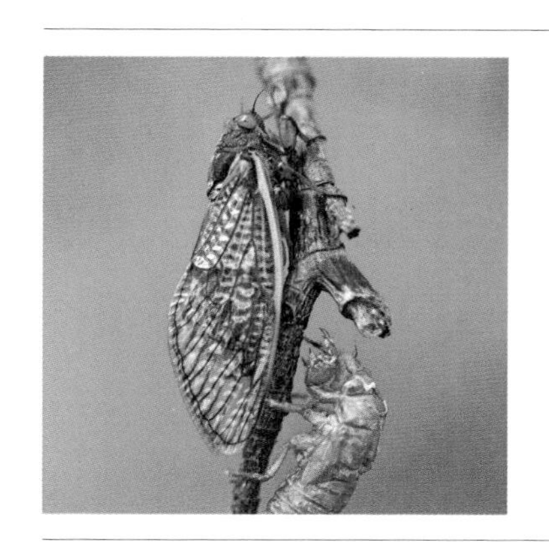

夏至，是二十四节气的第10个节气，于公历6月21~22日交节。夏至是太阳北行的转折点，夏至过后太阳直射点开始从北回归线（北纬23° 26'）向南移动。

背景知识

中国古代将夏至分为三候：一候鹿角解，二候蜩始鸣，三候半夏生。

一候鹿角解：夏至日阴气生而阳气始衰，所以阳性的鹿角便开始脱落。

二候蜩始鸣（《月令》注疏作"蝉始鸣"）：蜩，今俗称知了，雄性知了在夏至后因感阴气之生便鼓腹而鸣。

三候半夏生：半夏是一种喜阴的药草，夏至后，茎叶枯萎而根茎生长，此时便可采收。

由此可知，夏至之后，一些喜阴的生物开始生长，而喜阳的生物便开始衰退。

科学味道

1. 能再生的鹿角

世界上约40多种鹿类动物，北极的驯鹿两性都长角，我国的獐是雌雄都不长角，其余的鹿科动物，都是雄性才长角。鹿角体现了鹿类动物的第二性征，雄鹿们用鹿角来争夺并保卫领地，炫耀力量以及吸引异性和对

图 3.5.1　鹿角形成的不同阶段

抗敌人等。不同于牛羊中空的“洞角”，鹿角是“实角”，几乎全由骨质构成，角外面没有角质套，而是由皮肤覆盖，在生长阶段称为鹿茸，生长停止后，鹿茸钙化成为完全骨化的角。

新出生的雄鹿是没有鹿角的，大多数雄鹿在出生后的第十三至十四个月间开始长角。春末时，雄鹿头上会长出第一对鹿角，又短又直，没有分叉。这时的鹿角内部是软骨，其外皮生有一层纤维绒毛，绒毛里充满血管，这种未骨化的角就是著名的补品——鹿茸。鹿角生长2到4个月后，到了盛夏，鹿角基本成型，供血逐渐减少，富含血管的外层会逐渐萎缩脱落，露出骨质的内里。这时候鹿会在树干、树枝等地方将鹿角的茸皮蹭掉，使得骨质鹿角完全暴露出来，形成真正意义上的鹿角。鹿角每年都会脱落，然后又生出新的。新生的鹿角会增加一个分叉，之后的每年，角的分杈逐年增多，

图 3.5.2　雄鹿在树干上磨角

图 3.5.3　鹿角外层脱落

图 3.5.4　头顶枝条的驼鹿

体积也更大，直到成年后定型，一般拥有四或五个分叉时，雄鹿的角才算长全了。

鹿角的生长要耗用大量钙质、磷酸盐和热量，因此鹿角的再生速度与鹿的健康状况有关。随着鹿年龄越来越大、体格越来越健壮，鹿角变得粗壮，分叉越来越多。对野生鹿群的观察证实，长有更大鹿角的雄鹿，确实会赢得雌鹿的优先青睐，它们的繁殖能力也更强一些。雄鹿们有时还会故意在角上缠绕一些树枝、干草，增强视觉效果，让自己的角看起来更加雄壮威武，来博得雌鹿的青睐，威吓潜在的竞争对手。

2. 蝉为什么只在夏天鸣叫?

夏天的蝉声其实是一种物理信息，用来求偶的，就跟孔雀开屏、丹顶鹤起舞一样。蝉实在是太小了，它只有不断高歌，才能向雌蝉介绍自己，并发送自己的定位。雌蝉因为发音器发育不全，是名副其实的哑巴，所以扰人清梦的蝉都是雄蝉。雄蝉腹部有专门的发声器官，靠震动鼓膜来产生响亮的声音，它的鸣肌每秒能伸缩约一万次，盖板和鼓膜之间是空的，还能起到共鸣的作用，因此蝉的叫声特别响亮，可传递一公里之遥。而雌蝉通过鸣叫声了解声音的主人是否健壮、是否有繁衍能力，从而决定是否回应雄蝉的“召唤”。成年蝉的寿命很短，它需要尽快找到伴侣，才能完成生命中最重要的一件事——繁殖后代，蝉只在夏天鸣叫，是因为夏天是它们的繁殖季节。

研究发现，蝉的叫声的音高和强度与环境温度有关，温度越高，蝉的生命活动越活跃，人们称它们是大自然的温度计。一般在温度 21 摄氏度以下，亮度为 1.4 米烛光以下蝉就不再鸣叫了。这是因为在气温和光度下降后，蝉的活动性会降低，所以一般晚上是没有蝉鸣的。

3. 蝉的生命很短暂吗?

雄蝉不停地鸣叫和雌蝉的产卵消耗了大量的能量，巨大的能量缺口得不到补充，导致蝉在破土而出之后生命非常短暂。世人皆认为蝉的生命只有一个夏天，事实上，蝉这种昆虫非常长寿。

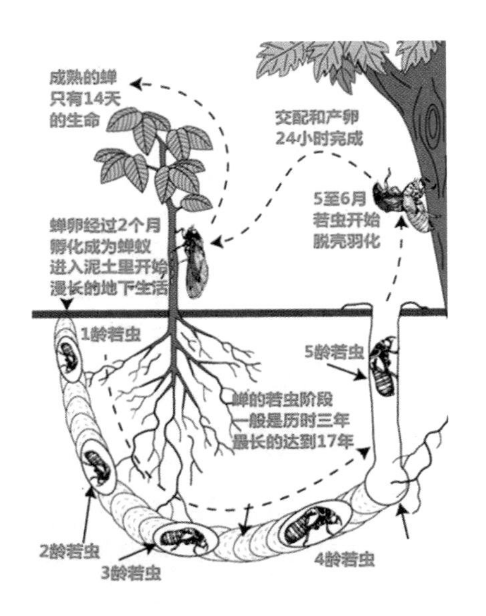

图 3.5.5 蝉的一生

蝉的一生可分为卵、幼虫、成虫三个阶段。蝉产卵在树枝上，蝉卵经过一到两个月孵化，幼蝉孵后会向下爬，一路钻入土壤，开始了它们漫长的地下生活。这个地下生活有多久呢？最短的 2~3 年，最长的为 17 年，大多为 4~5 年。它们经过 4~5 次蜕皮后，就要钻出地面，爬上树枝进行最后一次蜕皮（叫金蝉脱壳），成为成虫。等到蝉钻出地面，它的口器便消失了，不再能够进食。当幼蝉在树干上完成最后一次蜕皮变为成年蝉后，它们就离生命的终点不远了。由此可见，蝉的一生几乎都是在暗无天日的地下度过的。

拓展延伸

1. 神奇的鹿

漂亮的梅花鹿全身都是宝，并且还拥有着我们很羡慕的生命奇迹。

（1）长寿

梅花鹿的寿命大约为 20 年，相当于人的 250 岁。

（2）再生能力

鹿茸割掉可以再生，且以每日约 1.2 厘米的速度生长，最快可达到每天 2.7 厘米，这个再生速度在哺乳动物中绝对是第一名。

（3）心肌功能强大

梅花鹿在快速奔跑中可以突然停下，回头观望，这依赖于它们强大的心肌功能。

（4）强大的自愈功能

俗话说，伤筋动骨一百天，但是人家梅花鹿腿骨折后，三天敢着地，十天敢奔走，二十天恢复如初，这自我修复能力不得不让人叹为观止。

（5）强大的免疫力

鹿血中的免疫蛋白的含量是人体的三倍，如此强大的免疫能力使得梅花鹿基本不得传染病。

2. 聪明的蝉

幼蝉的生活期特别长，并且长期在地下生活，其实是蝉保护自己的一种方法。幼蝉本身发育慢，隐居在地下，靠吸食植物根中的汁液为生，地下环境既避寒又避暑，还能躲避鸟类和其他动物的袭击。不同种的蝉会选择它们出生后的第三、五、七、十一、十三或者十七年之后出土。这些年份都是质数，蝉在质数的年份出生，可保证在同一年出土的蝉不会太多。比如要让七年蝉、十三年蝉、十七年蝉在同一年出土，要等 1547 年之久，这大大降低了它们互相争夺养分、被天敌团灭的风险。

第六节　草木黄落　蛰虫咸俯

霜降，24节气中的第18个节气，每年阳历10月23日前后。霜降是秋季的最后一个节气，是秋季到冬季的过渡节气。秋晚地面上散热很多，温度骤然下降到0℃以下，空气中的水蒸气在地面或植物上直接凝结形成细微的冰针，有的成为六角形的白色霜花。

背景知识

《月令七十二候集解》将霜降分为三候：一候豺乃祭兽，二候草木黄落，三候蛰虫咸俯。

一候豺乃祭兽，《逸周书》中说：“霜降之日，豺乃祭兽。”意思是说此节气中豺狼开始捕获猎物，并以先猎之物祭兽，以兽而祭天报本也，方铺而祭秋金之义。如同人间新谷的收获，用以祭天，以示回报，并以此祈祷来年风调雨顺。

二候草木黄落，秋天，西风漫卷，树叶枯黄掉落。

三候蛰虫咸俯，咸，皆也；俯，蛰伏也，垂头也。此时寒气肃凛，虫皆垂头而不食矣，也就是蛰虫也在洞中不动不食，垂下头来进入冬眠状态中。

科学味道

1. 秋天树叶为什么会变色？

在植物的叶子里，含有许多天然色素，如绿色的叶绿素、黄色的叶黄素、橙黄色的胡萝卜素和酸红碱蓝的花青素。叶的颜色是由于这些色素的含量

图 3.6.1　枫叶

图 3.6.2　紫鸭跖草

和比例的不同而造成的。春夏时节，叶绿素的含量大约是叶黄素、胡萝卜素的三倍，因而叶绿素掩盖了其他色素的颜色，叶片显现绿色。到了秋天，随着气温的下降，光照的变弱，叶绿素合成受阻，同时叶绿素不稳定，很容易被破坏，这样分解的叶绿素得不到补充，叶中的叶绿素比例大大降低，而叶黄素和胡萝卜素则相对比较稳定，不易受外界的影响，这时候，它们的颜色就会凸显出来，因而，秋天时叶片就显现出黄色。

黄栌、枫树等的绿叶，到了秋天变成红色，而紫鸭跖草的叶子终年都是紫红色的。这是为什么呢？秋天来了，气温下降，黄栌和枫树等的叶绿素分解、消失的时候，叶子里面的糖分大量地转变成花青素，叶片细胞液的酸性环境使得花青素呈红色，于是叶子就变红了。至于紫鸭跖草等植物，叶子里面的花青素始终占优势，完全遮盖了其他色素的颜色，所以它们常年都是紫红色的。

2. 秋天为何会落叶？

俗话说“秋风扫落叶”“一叶落知天下秋”。深秋季节，树木会大量落叶。绿叶的蒸腾作用使植物根系吸收来的水分 99% 都散失掉了。一到秋冬季节，雨水稀少，空气干燥，土壤中的含水量也随之减少，植物吸收到的水也大大减少，满足不了树木生长的需要。像阔叶树的叶面积较大，气孔也多，蒸发水多，叶子落下来就可以减少树木中水分的消耗，且它们的叶子很容易结冰，会被冻死，所以长期自然选择之下就导致它们在寒冷季节到来前落叶。落叶后的树木减少了水分和养分的损耗，并把营养物质转

图 3.6.3　秋天落叶

运到根、茎和芽里存储起来，然后，树木就可以进入休眠状态，以度过寒冷的冬天。通常情况下植物落叶属于正常现象，来年春天植物又会长出新的叶子。

树木的叶柄本来是硬挺挺地长在树枝上的，它如何脱落呢？落叶跟树木中含有的一种植物激素——脱落酸有很大的关系，叶片里脱落酸的含量主要跟日照长短有关。秋季逐渐缩短的日照是严冬即将来临的信号，成熟的叶片作为感受器感受到信号后，植物体内的脱落酸就会逐渐增加，当叶片中的脱落酸输送到叶柄的基部时，在叶柄基部会形成一层非常小而细胞壁又很薄的薄壁细胞，由于这些细胞很容易相互分离，所以叫作离层。在脱落酸的作用下，离层周围会形成一个自然的断裂面。由于供水不足，叶片会逐渐干枯，自然破裂面会越来越明显，经秋风一吹，便会落叶纷飞，甚至无风亦会自动飘零落下。秋天树木落叶能降低水分蒸腾和减少养料的消耗，让树木能安全度过寒冷干燥的冬季。

3. 土鳖虫如何越冬？

土鳖虫是一种喜欢温暖又能忍耐低温的变温昆虫，有冬眠特性。一般来说，气温降低到 15℃时，土鳖虫的生长活动就会减少，行动迟缓。当 11 月下旬温度降至 10℃以下时，野生土鳖虫潜入土中开始冬眠，其新陈代谢会变慢，身体发硬，四肢蜷缩，不食不动，长达半年左右。土鳖虫虽然在冬眠期不吃东西也不动，但是其生理上还是会发生一些变化，等到第二年春天气温回暖，温度上升到 10℃以上时，大部分都能解冻苏醒，并逐渐开始活动取食。

在冬天，昆虫保证自己不被冻僵是至关重要的。活的组织一旦被冻结，膨胀的冰晶体势必使细胞膜受到破坏，造成致命的创伤。那么，土鳖虫是怎样解决这一难题的呢？它们主要是靠降低体内液体的冰点，从而提高抗寒能力。一方面，它们体内脂肪、糖分积累，体细胞结合水百分比显著提高，自由水百分比明显下降；另一方面昆虫产生甘油，甘油被称为“防冻液”，使昆虫更耐寒，并在冰冷条件下保护组织和细胞免受损害。另外为了保护自己不被冻坏，土鳖虫们会在体内创建一个无冰核环境，因为水结冰是需要有类似尘土这样的介质当核的，如果没有这样的介质，水在零下42℃都不会结冰。昆虫们就是利用这个原理来保护自己的，因此，土鳖虫没有特别的保暖设备，也一样能安全地过冬。

图 3.6.4　土鳖虫

拓展延伸

冬眠趣事多

（1）能把自己睡死的睡鼠

睡鼠以冬眠时间长而闻名，一年之中有7个月在睡觉，从每年深秋10月份睡到第二年的五月。即使在不冬眠的夏天里，睡鼠白天也趴在自己的窝里呼呼大睡，只有等到晚上它才会外出觅食。睡鼠平均寿命通常是在5年左右，但它睡觉的时间加在一起接近4年。更有意思的是，居然会有很大一部分的睡鼠在冬眠的过程中被饿死的。睡鼠没有冬天储粮的习惯，它们通常会在冬眠前，吃得胖胖的，积累大量脂肪，冬眠中靠消耗自己身体的脂肪维持生命。所以它们要是在冬眠前没攒够食物，就有可能是在这一次冬眠中睡死了。

（2）几乎不呼吸的刺猬

刺猬冬眠时，蜷缩一团，远看好像一个大绒球。它在巢穴中冬眠时，

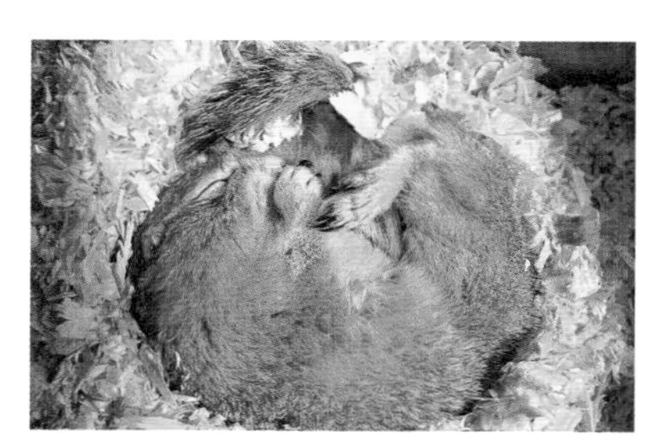

图 3.6.5　冬眠的睡鼠

图 3.6.6　冬眠的刺猬

图 3.6.7　神奇的木蛙

图 3.6.8　冬眠的熊

体温下降到 6℃，呼吸仅每分钟 1 至 10 次。刺猬冬眠时几乎不呼吸，是因为它的喉头有一块软骨，可将口腔和咽喉隔开，并掩紧气管的入口。

（3）“假死”的木蛙

进入深度休眠状态的木蛙体温会降零度以下，10 分钟内，木蛙的皮肤表面就开始慢慢地结冰，在 24 小时内，一半以上的身体都被冻住，呼吸、心跳、大脑活动和血液流动也通通停止，就这样木蛙把自己约三分之二的身体变成“冰块”，进入“假死”状态。但在来年春天，等到温度回暖后，木蛙血液中的有机防冻剂使自己解冻，“重获新生”。

（4）顺便生孩子的熊

熊在冬眠时呼吸正常，每隔一定时间，它们还会醒来晒晒太阳以升高体温，抵御严寒。更有甚者，一些雌熊还会在冬眠期间生下小熊幼崽，这样的过程被形象地形容为“睡眠分娩”。母熊可以控制胚胎的发育，如果母熊在冬眠之前摄取的食物不足，那么胚胎就会等到合适的时候再发育，又或者母熊直接将胚胎吸收，等到下一次再说。只有母熊体内脂肪的储存量足够时，才会选择在冬眠的时候生孩子。

第七节 鹖鴠不鸣 虎始交

大雪，是二十四节气中的第21个节气，也是冬季的第三个节气，时间是公历每年的12月7日或8日，节气大雪的到来，也就意味着天气会越来越冷，下雪的可能性大增，并不指降雪量一定很大。

背景知识

《礼记·月令》中说："冰益壮，地始坼，鹖旦不鸣，虎始交。"鹖鴠，传说一入冬它就身上掉毛，在窝里冷得直哆嗦，日夜不停号叫，所以俗称"寒号鸟"。"寒号鸟"都不再鸣叫，可见天气之寒冷，标志着此时已进入仲冬了。

二候虎始交。大雪节气，阴气最盛，所谓盛极而衰，此时阳气已经有所萌动，老虎感受到了这股阳气，按捺不住要去找对象啦。动物能比人类更灵敏地感知度气候及环境的变化，从而做出更有利于生存的决策和行为。

科学味道

1. 寒号鸟的美丽误会

"哆啰啰，哆啰啰，寒风冻死我，明天就垒窝。"我们从小学课本上认识的寒号鸟，是一种懒惰、得过且过的鸟类，民间传说也普遍认为它是个懒汉，不垒窝，不找食，饿得无法时，就吃自己的屎，如此反复多次，它的粪便就成为五灵脂。事实如此吗？

（1）寒号鸟不是鸟

图 3.7.1　复齿鼯鼠

寒号鸟不是鸟，而是一种哺乳动物，叫复齿鼯鼠，是我国特有的一种鼯鼠，它的脸有些像狐，尖嘴像鼠，尾巴像松鼠，它们喜欢在夜间活动，常发出“哆啰——哆啰——”的叫声。

既然是哺乳动物，为什么被称之为“鸟”呢？这完全是因为它们的技能给了人们错觉。复齿鼯鼠能在林中滑翔，看上去像飞一样，于是被误认为是鸟。不过，复齿鼯鼠没有羽翼，它的“飞”也和鸟类的飞不一样。鼯鼠身体的前后肢之间进化出了宽且薄厚适中的翼膜，连接着它的前肢和后肢。当它们准备“起飞”时，跳跃时用后脚用力地蹬树干，同时伸展四肢，此时四肢间的翼膜就像是一个“滑翔翼”，而尾巴则像舵一样控制飞行方向，帮助它们“飞翔”。复齿鼯鼠借助风力滑翔能够轻松到达较远的距离，最远能滑翔 200 多米，大大拓宽了觅食的范围，遇到危险时，滑翔又成了快速躲避敌害的有效方式。

（2）寒号鸟既不懒也不邋遢

复齿鼯鼠不会像其他的鸟类那样自己筑巢，而是选择在一些悬崖峭壁的石洞、石缝，或者是高大乔木树上的洞穴里安家，尤其喜欢捡漏啄木鸟

图 3.7.2　鼯鼠滑翔的样子

图 3.7.3　寒号鸟的窝

图 3.7.4　五灵脂

留下的树洞。聪明的鼯鼠找到"毛坯房"后就会想方设法精装自己的房子，这时候它们还是很勤快的，它们收集杂草、羽毛和柔软的苔藓，用来铺垫小窝，将自己的小窝布置得舒舒服服。有时候为了住得更舒适，会用锋利的牙齿啮啃洞穴，让凹凸的地方平整，用干草封闭洞口，遮挡风雨，洞内温度适中。有了窝，再加上厚厚的毛发，冬天复齿鼯鼠并不会被冻死。

中药五灵脂也不是复齿鼯鼠反复食用自己的粪便形成的。复齿鼯鼠生性爱洁，食物被污染后就不吃了，更别提吃自己的粪便了。另外，复齿鼯鼠还有个习性，无论它在距离家多远的距离觅食，排泄时总要回到一个固定的洞穴排泄。这个"排泄洞"一般离住处不远，也就是说复齿鼯鼠的"厕所"与"居室"是分开的。由此可见，复齿鼯鼠是洁癖症加强迫症。由于复齿鼯鼠的主要食物是松柏树的树叶，它的粪便中含有较多的胶结物质——树脂，因而粪便呈脂状。再加上"千里觅食一处屙"的习性，人们找到它的厕所间，捡其粪便，去杂质晒干，就是著名的中药材——五灵脂。

2. 为母则刚，强大的"单亲"妈妈

老虎是一种独居的猫科动物，老虎界有一种不成文的规定，就是雌雄老虎总是比邻而居，到了繁殖的季节，它们会短暂地生活在一起。短暂的发情期一结束，雄虎就会回到自己的领地，即使它不愿意离开，母虎也会将它赶出领地。这就导致在整个雌虎育幼期间，爸爸是缺席的。虎爸爸在这一期间能保持自己的"王者"地位，不被其他雄虎打败，就是对幼崽最

图 3.7.5 母虎转移幼崽

图 3.7.6 老虎留下尿液标记领土

大的照顾了，一旦有新的雄虎接管地盘，幼崽有很大可能会被咬死。

没有雄虎的帮助，独居的雌虎在怀孕之后是如何解决食物问题的呢？人类在孕早期时，大腹便便，行动很不方便，衣食住行都需要人照顾。老虎在孕早期和中期的时候，我们肉眼根本看不到它的“孕肚”，雌虎的行动和狩猎能力自然不会受到影响。一直到生产的前 10~12 天左右，胎儿快速生长，“孕肚”才会显露出来，此时的雌虎的狩猎能力无法与巅峰状态相比，但依靠伏击的方式捕食一些较弱的有蹄类动物也能解决温饱。只有在即将生产的最后 3~5 天时间内，雌虎才会丧失大量的捕食能力，而吃饱了的老虎，几天不吃完全没有问题。

小老虎刚出生时看不到任何东西，母虎每天会花 70% 左右的时间陪伴它们，给予它们保护。一个月后，小老虎有了基本行动能力，母虎会将陪伴时间降为 30%。在 6~8 周时间内，小老虎的消化系统还未发育完全，必须母乳喂养，6~8 周以后，才会慢慢进食一些固体食物。在这个阶段，幼虎是没有捕食能力的，它所吃的食物，全是由母虎捕猎所得。

照料幼崽，母虎是无微不至的。母虎会经常舔舐幼崽的身体，使其身体更加健康和有助于排便。每次外出捕猎时，它会将幼虎藏起来，还会掩盖掉自己和幼崽的粪便，以防其他掠食者追踪。育崽期间，母虎会变得格外警惕，一旦感觉到有危险，会毫不犹豫地搬家，跟猫咪一样，都是用嘴巴衔住小老虎的后颈，然后“提”着走。“孟母三迁”为了让孟子有一个良好的成长环境，而虎妈“三迁”，为了让小虎幼崽有个安全的环境。

总的来说母虎作为一个“单亲妈妈”，是非常称职的，它要狩猎、守护领地，还要哺育幼崽，这或许就是"为母则刚"的最好体现吧。

拓展延伸

一山不容二虎

通常一只老虎的活动范围大约在100~400平方公里，在一些食物稀少的区域甚至可达到900~1000平方公里，为什么老虎需要如此庞大的领地呢?

利用生态系统中的能量流动的特点可以解释。生态系统中的食物链一般有四到五个营养级，能量沿其传递的过程中，每一营养级上大约有80%~90%的能量损耗，只有10%~20%的能量传至下一营养级，所以在食物链中营养级越高的生物，获得的能量就越少。作为捕食者的老虎处在食物链顶端，我们以其处于第五营养级，能量传递效率为10%为例，能量传至最高营养级时，能量已经很少了。这样，一只老虎要增重1公斤，需要10公斤的第四营养级，以此类推，需要10000公斤的第一营养级，而一头成年老虎体重大约在91~423千克之间，一头成年虎的长成至少需要910000公斤的植物。因此，占领一座山，才可以拥有足够的食物，这就是一山不容二虎的道理。

当老虎巡视自己的领地时，会将自己的尾巴高高翘起，将尿液喷洒在途经的树干和灌木丛中，有时也会通过锋利的爪子在树干上留下自己的抓痕，或是通过在地上打滚，留下毛发和气味，界定自己的势力范围，警告其他的老虎。

第八节　雁北乡　鹊始巢

小寒，为农历二十四节气中的第 23 个节气，也是冬季的第五个节气，标志着冬季时节的正式开始。当太阳到达黄经 285°（小寒）时，对于神州大地而言，标志着一年中最寒冷的日子到来了。

背景知识

古人描述的小寒物语是：一候雁北乡，二候鹊始巢，三候雉始雊。

一候雁北乡：小寒之日“雁北乡”，这个“乡”是趋向，北飞雁已经感知到阳气，是为先导。

二候鹊始巢：小寒后五日“鹊始巢”，喜鹊噪枝，已经开始筑巢，准备繁殖后代了。

三候雉始雊：再五日“雉始雊”。雉是野鸡，阳鸟，雊（gòu），求偶鸣声。这时，早醒的雉鸠就开始求偶了，早春已经临近。

科学味道

1. 大雁是出色的空中旅行家

大雁是有名的候鸟，它们的老家是在北方西伯利亚一带，大雁是食草动物，它们喜欢以植物和水生植物为食，少部分也会进食软体植物。到了冬季，北方一片冰天雪地，植物进入休眠状态，什么昆虫，蠕虫和植物种子都不见了，为了生存它们只能被迫飞往南方植物丰盛的地区。而北方的夏季日照时间长，食物比较丰富，而且敌害较少，非常适合哺育幼雏，所以，

图 3.8.1　“人”字形雁阵

第二年春季再飞回北方繁殖。

大雁在迁徙时总是几十只、数百只，甚至上千只汇集在一起，互相紧接着列队而飞，古人称之为“雁阵”。在旅途中雁群的行动是很有规律的，多半由有经验的老雁当领导，在前面带队，其余的在后排成“一字”或“人字”队形飞行。它们边飞边叫，常常不停地发出“伊呵，伊呵”的叫声，大雁的这种叫声起到互相照顾、呼唤、起飞和停歇等的信号作用。大雁的飞行速度很快，每小时能飞 68~90 公里，每一次迁徙都要经过大约 1~2 个月的时间，途中历尽千辛万苦。但它们春天北去，秋天南往，从不失信。不管在何处繁殖，何处过冬，总是非常准时地南来北往。

大雁飞行的路程很长，它们除了靠扇动翅膀飞行之外，也常利用上升气流在天空中滑翔，使翅膀得到间断的休息，以节省自己的体力，更顺利地完成长途旅行。当雁群飞行时，前面头雁的翅膀在空中划过，膀尖上会产生一股微弱的上升气流，它的身后形成一个低气压区，紧跟在后面的大雁可以通过它来减少空气的阻力，节省体力，这也能保证了长途跋涉中队伍的中间的幼鸟和体弱的鸟等不会掉队。只是这样一来，头雁的体力消耗得很厉害，所以雁群需要经常地变换队形，更换“头雁”。1970 年，里萨满和斯科伦伯格利用空气动力学理论首次给出了一个估算——与单个大雁相比，一个由25只大雁组成的“人”字形编队可以多飞71%的航程。目前，大雁飞行的秘密依旧没有被完全破解。大雁的“人”字形夹角大小经常会变化，而且大多数时间，它们会选择“一”字形，只有20%的飞行时间里，它们才会选择“人”字形。

2. 喜鹊是出色的建筑家

喜鹊是“留守型”鸟类，它们对于筑巢格外重视，喜欢把自己的“家”建造得很豪华，喜欢把鸟窝搭建在比较粗壮的树梢之上，是个喜好“高层别墅”的住客。通过人们的观察，喜鹊的巢穴在以下几个方面，明显优于其他鸟类的巢穴。

一是别具一格的选址。因为鸟巢用于孵化幼鸟，为了保障幼鸟的生活，大多鸟类会选择较为隐蔽的地方，喜鹊却反其道而行，喜欢建在树冠之上或者是宽阔的树枝中。在保障与地面有一定的距离之外，还兼顾稳定性，一般的大风和大雨是吹不坏的。喜鹊还喜欢把巢穴筑在村庄附近的树顶上，这是因为喜鹊是个捉虫高手，一年能在庄稼地里捕捉害虫上万只，将窝巢筑在村庄的树上，有利于觅食，另外也是为了防止天敌老鹰、蛇类对自己的侵害。

二是精心的分层建筑。喜鹊会由外向内分层次建造。第一层就是外面的墙壁屋顶，喜鹊会捡拾一些比较粗大的干树枝，作为整个巢穴的底座和

图 3.8.2　树杈上的喜鹊窝图

图 3.8.3　喜鹊寻找柔软的材料

图 3.8.4　喜鹊窝的内部

图 3.8.5　喜鹊窝的开口

“骨架”，这样更加有利于整体鸟窝的固定。第二层，在大树枝构筑的框架基础上，喜鹊会继续叼过来许多细嫩的叶子和枝条，用以填充框架的外围，从而形成鸟窝的“毛坯”。第三层，喜鹊会寻找一些柔软的材料，比如鸟类的羽毛、动物的毛发、棉絮等，填充到窝里面，达到既舒适又保温的效果。

三是特殊的外墙加固。喜鹊在完成鸟窝的框架设计之后，与内部装饰同步进行的还有类似“外墙”的建造。喜鹊会利用泥土的黏合能力，衔来湿泥和小的干树枝，将它们混合起来糊在鸟窝的最外层，这样等泥土干透了以后，鸟窝内部就基本上不怎么透风了，可以起到比较理想的防风防雨防雪的保温效果。

四是讲究的封顶和开口。鸟窝上部还会“加盖”，这个盖不是最后再加上的，而是在建造的过程中同步进行的，最后形成的鸟窝形状是一个椭球形，上部没有开口，开口留在了侧面，这样的造型就能使得雨水雪无法灌入鸟巢中。而且开口较小，一般仅可供一只喜鹊进出，最大程度地保护了幼鸟不会被其他天敌伤害。开口的朝向也比较有讲究，不会朝着西北或者东北方向，尽最大可能减少来自北方寒冷空气的影响。

这样的鸟巢，堪称“败絮其外，金玉其中”。

拓展延伸

大寒冷还是小寒冷？

古人在二十四节气中定出小寒大寒，是为了表明不同的寒冷程度。“大寒为中者，上形于小寒，故谓之。寒气之逆极，故谓大寒。”望文思义，大寒应该冷于小寒。但有的地方民间也有一种说法“小寒胜大寒”，因为依照“冷在三九”“三九四九冰上走”的说法，小寒一共15天，其中有12天在“三九、四九”中，所以推断小寒期间气温最低。

根据我国长期以来的气象记录，在北方地区小寒节气比大寒节气冷，但对于南方大部地区来说，却是大寒节气要比小寒节气更冷。据气候数据统计，我国北方大部一年中最冷的时间段是每年公历的1月中旬（10日至20日），恰在小寒节气之内。但对于南方大部地区来说，大寒节气时最冷，因为大寒节气一般从1月20日（1月下旬）开始，1月下旬恰是南方一年中最冷的时候。

北方地区小寒更冷，是因地表“余热”相对较少，至小寒时已释放殆尽，而此时仍是昼短夜长，冷空气强劲，使温度降至最低。至大寒太阳光热略增，所以温度也略有提升。故北方农谚说：“小寒胜大寒，常见不稀罕。”而南方地区地表相对较热，其“余热”至小寒节气尚未释放完毕，故温度未降至最低。至大寒则地表“余热”散尽，天寒地冻，此时比小寒略多一点的太阳光热也起不了多大作用，气温也就降至最低了。所以，小寒冷还是大寒冷，这个问题要区分地域。

第四章

“寻味人间”之人间万象

唐代诗人张志和的《渔歌子》词中有“西塞山前白鹭飞，桃花流水鳜鱼肥”两句，写出了季节和美食的关系。不同的节气，不同的物候，不同的农事规律，当然也有不同的应时美食。智慧的古人代代相因，不单重视自然规律，按时节进行农事耕作，更在季节变化中总结出了顺应自然的生活方式和饮食习惯。他们懂得不同时节的特点，创造出了许多应时的美食美味。本章内容带你了解不同时节的各种美食习俗，比如立春吃春卷、清明品青团、小满食苦菜、大暑啖荔枝、立秋贴秋膘、寒露吃螃蟹、冬至吃饺子等，还会带你了解化肥、食品添加剂、茶叶、蚕丝、花茶、螃蟹、腌肉、冬泳等方面的科学知识。

第一节　立春咬春吃春卷

二十四节气中的第一个节气是"立春"，"立"即为"开始"；春，寓意着温暖和生长。中国有句古话"一年之计在于春"，可见立春作为传统节日由来已久，中国人十分重视这个节日，在立春之日迎春已有几千年的历史。

基础知识

立春，是中国二十四节气之一，是春季的开始，在2月3日到2月5日之间，太阳位于黄经315°。从立春到立夏的这段时间，都被人们称为"春天"。立春也是中国的传统节日，是中国农历新年的开始，所以立春又被称为"春节""打春"等，有着鞭春牛的风俗。立春吃春饼和春卷，叫作"咬春"。立春时节气温回升、风和日暖。立春预示着季节的更替，冬天已经过去，春天即将到来。立春阳气初生，万物逐渐复苏。立春时节，在北回归线及其以南一带，早春的气息就会扑面而来。由于我国南北跨度大，在立春节气各地的气候也有很大差别。

雨水，是二十四节气的第二个节气。雨水节气为每年公历2月18~20日。雨水节气是降雨的开始，主要降雨为小雨或毛毛细雨。中国古话"春雨贵如油"，适宜的降水让农作物的快速生长，它是农耕文化对于节令的反映。进入雨水节气，我国北方地区还没有春天的气息，南方大多数地方已经是春意盎然，风和日暖。

惊蛰，又叫"启蛰"，是二十四节气中的第三个节气。斗指丁，太阳到达黄经345°，惊蛰节气为公历3月5日至6日。惊蛰表现的是自然生物受节律变化的影响而出现萌芽生长的现象。惊蛰节气有阳气上升、气温回暖、春雷乍动、雨水增多的气候现象，万物冒地而出生机盎然。农耕生产与大自然的节律息息相关，惊蛰节气在农耕上有着相当重要的意义，它也是古代农耕文化对于自然节令的反映，一年春耕自此开始。

科学味道

1. 春卷的营养价值和功效

春卷富含蛋白质、脂肪、糖类，还有少量维生素及钙、钾、镁、硒等矿物质，根据卷入的馅料不同，营养成分也有所不同。

图 4.1.1　春卷

图 4.1.2　春卷

图 4.1.3　春卷

2. 春卷的油炸机理与油脂变化

油作为导热介质，有下列三个特性：油的加热温度高，水的最高温度只能达到 100℃，而油脂达到着火点前的温度可达到 300℃，所以用油做导热介质，春卷会很快成熟；油脂的渗透力强，油脂能渗透入春卷的内部把其所蓄积的热量传递给春卷，并使春卷中的水分汽化，使春卷酥脆；油能四面包围春卷，增加春卷原有的风味。油炸时的热量传递方式为热传导和对流传热，油脂通常被加热的温度为 160℃ ~180℃。在高温下油脂自身也会发生物理、化学变化，我们称之为油脂老化，油脂老化不仅影响油脂本身的质量，还危害人体健康，如果长时间加热油脂至250℃以上，将剩油反复使用，含有的致癌物质对癌症具有诱发作用。

3. 春卷炸制过程中的蛋白质变性原理

蛋白质在受到一些物理化学因素影响后，其空间构象被破坏，从而发生物理化学变化，失去生物活性，即蛋白质变性。在我们的生活中，经常会用到蛋白质的变性原理，比如：蛋、肉等经过加热使蛋白质变性，熟透即可食用；细菌、病毒因温度升高、加酸、加重金属（汞）等使蛋白质变性而失活从而达到消毒的目的；动物、昆虫标本用福尔马林保存，可以防腐；蚕丝也是由蛋白质变性制成的；利用蛋白质变性还可用来沉淀蛋白质，提取血液，提取荷尔蒙和药物等；酶可以分解多种蛋白质，使肠壁吸收养分；电解液可使蛋白浓缩脱水如卤水点豆腐。

4. 惊蛰打雷"雷雨发庄稼"原理

"春雷响，万物长。"惊蛰原名"启蛰"，因为汉代孝景帝名启，为避讳其名改为"惊蛰"，一个"惊"字改出了春雷惊醒万物的意蕴。

民间画匠为二十四节气描绘神像，惊蛰这一节气通常画的是手拿凿与锤的雷神。所以惊蛰是否打雷，被认为是关乎一年气象的标志。农民们认为惊蛰有春雷滚滚是丰收的好兆头。惊蛰和雷电关系密切是由于地面湿度增大导致近地面热空气上升，或湿热空气北上的强烈影响和频繁活动。而雷电的产生就与这些旺盛的气流运动所形成的云密切相关。

农村有句谚语"雷雨发庄稼"，这是由于在放电条件下，空气中的氧

图 4.1.4　雷电

图 4.1.5　庄稼

气和氮气化合生成了氮的氧化物，氮的氧化物再经过复杂的化学变化，最后生成了易被农作物吸收的硝酸盐。而硝酸盐是植物可以吸收的氮肥，可以促进植物的生长。

5. 惊蛰至农事忙，化学肥料简介

化学肥料是指用化学方法生产的肥料，是指工业生产的一切无机肥及缓效肥。

含有氮、磷、钾等主要营养元素中的两种或两种以上成分的肥料称为复合肥料。含两种主要营养元素的肥料称为二元复合肥料，含三种主要营养元素的肥料称为三元复合肥料，含三种以上营养元素的肥料称为多元复合肥料。

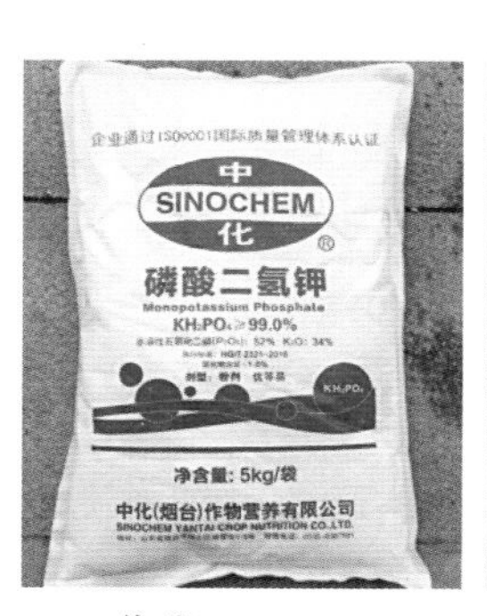

图 4.1.6　化肥

拓展延伸

雨水节气怎么养生？

雨水节气在冬春交替的时间，降水量增加，容易出现湿气过重引起身体乏力、犯困、食欲缺乏等症状，并且气温较低，若受凉容易出现感冒、发烧等症状。因此，雨水节气要注意养生保健，下面我们来了解一下养生方法。

（1）养肝、护肝

在春季由于阳气升发，容易导致肝火旺盛，恰巧春季又有许多养肝护肝的食物，如韭菜、芋头、山药、薏仁等食物，可以消除体内的肝火，提高肝脏的功能。

（2）养脾胃

在春季容易出现脾胃问题，要多吃一些能够滋养脾胃的食物，一般甜味的食物具有养脾功效，比如山药、甘蔗、葡萄、苹果等。还可以喝一些粥，比如莲子粥、红枣粥、山药粥、小米粥等，不仅可以补充水分，而且能够滋养脾胃。要少吃或不吃油腻的食物，多吃蔬菜水果。

（3）体育锻炼

雨水节气湿气过重，要多参加体育锻炼，可以改善血液循环，多出汗，体内的毒素会通过汗液排出体外，从而起到排毒、祛湿的作用。雨水节气期间气温较低，体育锻炼能够驱寒保暖，增强免疫力，降低感冒、发烧等疾病的概率。

（4）早睡

要保持生活作息有规律，不能熬夜，早睡早起，晚上 10：30 之前上床睡觉，早上 7 点就应该起床，不睡懒觉。保证充足的睡眠时间，让身体充满活力，让身体内的各个器官功能保持正常运转，有利于身心健康。

（5）注意保暖

雨水节气早晚温差比较大，如不重视保暖容易出现头痛、感冒、腹泻等疾病。因此要注意保暖措施，要注意头部、颈部、脚部等部位的保暖，在早晚气温比较低时要及时增添衣物，以防止身体受凉而诱发疾病。

（6）注意情绪调节

因为雨水节气期间天气多变，容易导致情绪不稳定，情绪波动幅度过大会损伤肝脏、脾胃，要保持心平气和，遇到事情要冷静解决，不生气发怒，生气容易损伤肝脏，易引起内分泌失调。尽量保持清心寡欲，不能够过度劳累，才能保持元气充沛。

在这段时间还容易出现皮肤过敏、嘴唇干裂、口干舌燥等症状，要多补充维生素、水分，要尽量少食用油炸食物、辛辣刺激性的食物、生冷的食物。同时还可以喝一些绿茶、菊花茶、金银花茶等，起到养肝明目作用的同时缓解春季一些不适的症状。

第二节　清明踏青品青团

清明，在二十四节气中排名第五。斗指乙，太阳到达黄经 15°，此时就是清明。清明时，气清景明，万物皆显。清明是反映自然界物候变化的节气，这个时节有明媚的阳光、萌动的草木，百花盛开，一派生机勃勃。

基础知识

春分，是春季第四个节气。斗指壬，太阳黄经达 0°，每年公历 3 月 19~22 日为春分节气。春分在天文学上有重要意义，此时南北半球昼夜平分，太阳直射位置由赤道向北半球推移，北半球的白昼从这天起长于黑夜，南半球恰好相反，气候上也表现出明显的不同，中国除青藏高原、东北地区、西北地区和华北地区北部外均进入了明媚的春天。

春分的分有着重要的意义，一是指白天黑夜平分一天的时间，分别为 12 小时；二是春季从立春至立夏，春分正当春季 3 个月之中，将春季平分。春分后，气候越发温和，雨水比较充沛，阳光明媚。中国民间在春分时节有放风筝、吃春菜、立蛋等风俗。

斗指乙，则清明风至；“清明风”顾名思义是清爽明净之风。春分后的第十五日，为清明时，清明是表征物候的节气，含有天气晴朗、草木繁茂的意思。清明可分为三候：一候桐始华，二候田鼠化为鴽，三候虹始见。祭祀扫墓、插柳、踏青、吃青团等都是清明节的传统习俗。

谷雨，是二十四节气的第六个节气，春季的最后一个节气。斗指辰；太阳黄经为 30°；谷雨在每年公历 4 月 19 日至 21 日。谷雨，“雨生百谷”，此时雨量增加，田中初插的秧苗、新种的作物能茁壮成长。反映降水现象的节气还有雨水、小满、小雪、大雪，这是古代农耕文化对于节令的反映。中国民间在谷雨节气有摘谷雨茶、走谷雨、吃春、赏花等习俗。

科学味道

1. 青团的做法

清明时节，江南一带有吃青团的风俗习惯。青团子是用浆麦草捣烂后挤压出汁，取这种汁与糯米粉拌匀制作团子。团子的馅心是细腻的糖豆沙，在包馅时，另放入一小块糖猪油。团坯制好后，将它们放在蒸笼里蒸熟，出笼时在团子的表面均匀地刷上熟菜籽油，青团就制作好了。青团子油绿如玉，糯韧绵软，清香扑鼻，吃起来甜而不腻，肥而不腴。江南一带人还用青团子来祭祀祖先，正因为如此，青团子在江南一带的民间食俗中显得格外重要。

图 4.2.1　青团的做法

2. 淀粉在体内的消化

青团的原材料是糯米，糯米含有蛋白质、脂肪、钙、磷、铁及淀粉，淀粉属于糖类，属碳水化合物，碳水化合物在体内的消化主要在口、胃和小肠中进行。

（1）口腔内消化

碳水化合物在人体中的消化从口腔开始。口腔分泌的唾液中含有 α－淀粉酶，又称唾液淀粉酶，唾液还具有此酶最合适 pH6－7 的环境。淀粉水解后的产物是葡萄糖、麦芽糖、异麦芽糖、麦芽寡糖以及糊精等的混合物。由于食物在口腔内停留时间短暂，以致唾液淀粉酶的消化作用很小。

（2）胃内消化

当口腔内的食物被唾液所含的黏蛋白黏合成团，并被吞咽而进入胃后，其中所携带的唾液淀粉酶仍可使淀粉短时间内继续水解，但当胃酸及胃蛋白酶渗入食团或食团散开后，pH 下降至 1–2 时，不再适合唾液淀粉酶的作用，同时该淀粉酶本身也会被胃蛋白酶水解破坏而完全失去活性。胃液中不含任何能水解碳水化合物的酶，胃液中所含的胃酸虽然酸性很强，但对碳水化合物也只有微小的水解，所以碳水化合物在胃中几乎完全没有消化。

（3）肠内消化

碳水化合物的消化主要是在小肠中进行。小肠内消化主要分为两种，肠腔内消化和小肠黏膜上皮细胞表面上的消化。另外还有极少部分非淀粉多糖可在结肠内通过发酵消化。

①肠腔内消化。肠腔中的主要水解酶是来自胰液的 α－淀粉酶，又称胰淀粉酶，其作用和性质与唾液淀粉酶一样，pH 为 6.3–7.2，淀粉水解变成麦芽糖、麦芽三糖（约占 65%）、异麦芽糖、α－临界糊精及少量葡萄糖等。α－临界糊精是由 4–9 个葡萄糖基构成。

②小肠黏膜上皮细胞表面上的消化。淀粉在口腔及肠腔中消化后的上述各种中间产物，可以在小肠黏膜上皮细胞表面进一步彻底消化。小肠黏膜上皮细胞刷状缘上含有丰富的 α－糊精酶、糖淀粉酶、麦芽糖酶、蔗糖酶及乳糖酶，它们彼此分工协作，最终把食物中可消化的多糖及寡糖完全消化成大量的葡萄糖及少量的果糖和半乳糖。生成的这些单糖分子均可被

小肠黏膜上皮细胞吸收。

③结肠内消化。小肠内不被消化的碳水化合物到达结肠后，被结肠菌群分解，产生氢气、甲烷、二氧化碳和短链脂肪酸等，这一系列过程称为发酵。发酵也是消化的一种方式。所产生的气体经体循环转运，经呼气和直肠排出体外，其他产物如短链脂肪酸被肠壁吸收并被机体代谢。碳水化合物在结肠发酵时，促进了肠道一些特定菌群的生长繁殖，如双歧杆菌、乳酸杆菌等。

3. 食品添加剂之着色剂简介

浆麦草汁是一种天然的着色剂。任何可以使物质显现设计需要颜色的物质都是着色剂。

着色剂或分为有机的和无机的，或分为天然的和合成的。

我国允许使用的化学合成色素有：苋菜红、胭脂红、赤藓红、新红、柠檬黄、日落黄、 靛蓝、亮蓝，以及为增强上述水溶性酸性色素在油脂中分散性的各种色素。

我国允许使用的天然色素有：甜菜红、紫胶红、越橘红、辣椒红、红米红等 45 种。

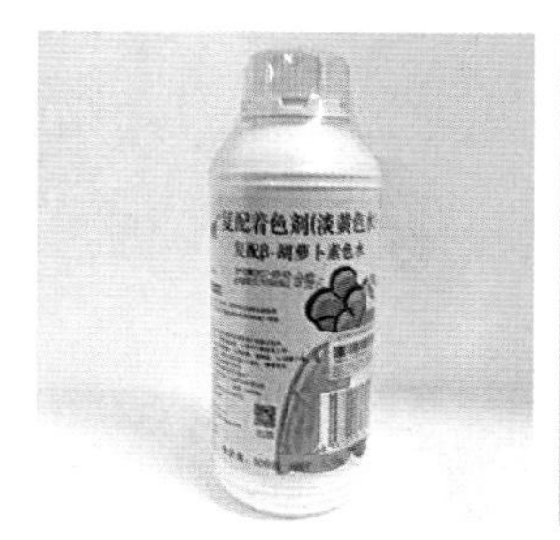

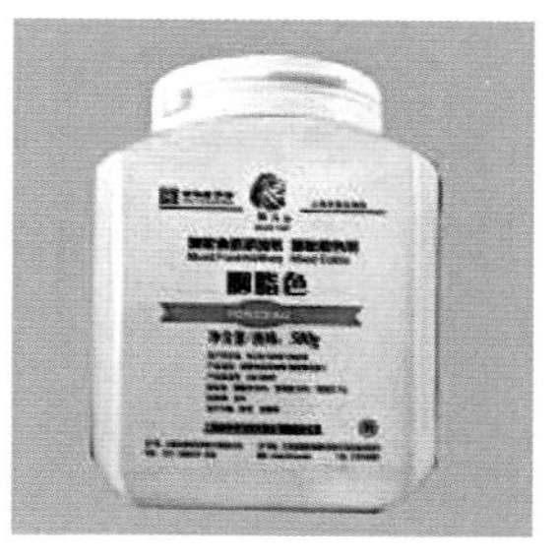

图 4.2.2　各种着色剂

4. 明前茶和雨前茶的区别

（1）采摘时间不同

清明节之前采摘、制成的茶品是明前茶，一般在每年的 4 月 4 日至 4

图 4.2.3　明前茶

图 4.2.4　雨前茶

月 5 日之前时段，清明到谷雨之间采摘的是雨前茶，一般在 4 月 4 日至 4 月 20 日左右。

（2）外形不同

明前茶多为芽蕊茶和一芽一叶初展的芽嫩尖，少受虫害侵扰，芽叶细嫩。其嫩芽像莲心，所以也称莲心茶；雨前茶多为一芽二叶的柔嫩芽叶，外形较大。碧绿新鲜，带油光，白毫多，形状扁直，尖端不弯曲。

（3）茶色不同

明前茶带油光，碧绿新鲜，汤色碧绿或呈清黄色。雨前茶缺少油润，茶叶偏黄绿色泽，汤色嫩黄或呈嫩绿色。

（4）茶香不同

明前茶干茶有着清纯的香气，冲泡新茶时茶叶较快下沉，香气浓烈持久，滋味醇厚。雨前茶干茶有着馥郁持久的香气，多清香、栗香，滋味浓醇回甘、鲜浓而耐泡。

（5）口感不同

明前茶氨基酸的含量相对后期的茶更高，而具有苦涩味的茶多酚相对较低，这时的茶叶口感香而味醇，口感很柔和，不会有很浓的苦涩味。雨前茶叶薄而短，有香气口感微苦。

5. 茶叶中的营养物质

茶叶中的营养物质主要包括 20%~30% 的蛋白质，1%~4% 氨基酸，生物碱 2%~5%，20%~35% 茶多酚，20%~25% 糖类，0.6%~1% 维生素，8% 类脂质，3.5%~7% 钙、铁等多种矿物元素。

氨基酸的具体成分有茶氨酸、谷氨酸、天门冬氨酸等 25 种以上的物质，都是人体必需的营养物质，具有调解脂肪代谢等功能。生物碱中以咖啡碱的含量最多，具有利尿、促进血液循环等作用。

茶多酚中含有儿茶素、黄酮类、花青素和酚酸这四大类物质，起到降血脂、防辐射和消炎抑菌的功效。糖类主要有淀粉、纤维素、半纤维素和木质素，类脂质则主要由脂肪、磷脂等组成。

拓展延伸

清明节的来历

相传两千多年前的春秋时期，晋献公有好几个儿子。大儿子申生为太子，二儿子重耳很有才能。因为晋献公宠爱着骊姬，于是就把她立为夫人。骊姬为了让自己的儿子成为太子，诬陷申生，逼得太子申生自杀，逼得重耳逃亡。重耳流亡在外，饱受痛苦，有时候甚至到了没有食物充饥的地步。有一次，他实在太饿了，他的随从介子推竟从自己的腿上割下一块肉来熬成肉汤让他充饥，救了重耳的性命。重耳流亡了十九年，在随行人员的辅佐下，利用各种矛盾抓住机会，终于回到了晋国，掌握了政权，他就是历史上有名的晋文公。

晋文公登基之后，给他的随行人员封官晋爵。但介子推没有这么做，他和母亲一起悄悄地隐居绵山（今山西省内）。

后来，晋文公让介子推出来做官，可是介子推谢绝了。晋文公回想起没有报答介子推，心里非常内疚，于是亲自来到绵山请介子推出山，但介子推躲进大山一直不见。在这种情况下，有人建议用火烧山，逼介子推出山。晋文公接受了，命人在山上放火。万万没有想到的是，介子推还是没有下山，在大火中，介子推和他的老母亲抱着一棵大树，活活被烧死了。

晋文公后悔莫及，痛苦异常，他抚摸着那烧残了的大树树干，捶胸顿足。为了纪念介子推，晋文公就将介子推烧死的这一天定为节日，并禁止生火煮饭，改吃凉食，这一天就成了寒食节。

唐玄宗的时候，颁下诏书将寒食节祭祀扫墓编入《开元礼》中，定为全国的祭祀节日。

这正如唐代诗人卢象在《寒食》诗中所说的：“子推言避世，山火遂焚身。四海同寒食，千秋为一人。”

因为寒食节是在冬至以后的一百零五天，也就是在清明节的前一天或两天，所以后来将寒食节与清明这一天合并成了一个节日——清明节。这节日里除了禁烟火，吃冷食外，还逐渐增加了祭扫、踏青等活动。

第三节　小满祈蚕食苦菜

小满，是二十四节气中的第八个节气，也是夏季的第二个节气。小满有两层含义：首先与气候降水有关，此时南方的暴雨开始增多，江河渐满。小满中的“满”，指雨水充盈。其次与农业小麦有关，在北方地区此时降雨较少甚至无雨，“满”不是指降水，而是指小麦的饱满程度。

基础知识

立夏，是二十四节气中的第七个节气，夏季的第一个节气，时间在每年公历 5 月 5 日至 7 日。此时北斗七星的斗柄指向东南方，太阳黄经达 45° 。立夏后由于日照增加，气温逐渐升高，雷雨增多。立夏标志着万物进入旺季生长。 许多地方在立夏这天有吃“立夏饭”、吃蛋、秤人和尝三新等习俗。

每年 5 月 20 日到 22 日之间，太阳到达黄经 60° 时为小满。这时全国北方地区麦类等夏熟作物籽粒已经逐渐饱满，但还未成熟，所以叫小满。小满有三候，分别为：一候苦菜秀，二候靡草死，三候麦秋至。小满恰好蚕神诞辰，中国农耕文化以“男耕女织”为典型，女织的原料北方为棉花，南方为蚕丝，养蚕结茧抽丝才得蚕丝，因此江浙一带在小满时节有一个祈蚕节。 小满的风俗还有食野菜，苦菜是中国人最早食用的野菜之一，食用苦菜可以清热去火、安心益气。 医学上多用苦菜来治疗热症，古人还用它醒酒。

芒种，是二十四节气的第九个节气，夏季的第三个节气。斗指巳，太阳黄经达 75° ，于每年公历 6 月 5 日至 7 日交节。 “芒种”的意思是“有芒之谷类作物可种，过此即失效”。此时气温升高显著、雨量充沛、空气湿度大，适宜晚稻等谷类作物种植。农事耕种以“芒种”节气为界，在此刻之后种植成活率就会降低。它是古代农耕文化对于节令的反映。

科学味道

1. 桑蚕丝制作工艺

①选茧。蚕户在采茧时将上茧挑出用来缫丝，把双宫茧、黄斑茧、污烂茧、穿孔茧、乌头茧等次品茧留下用来制作丝绵。

②煮茧。把双宫茧、黄斑茧、污烂茧、穿孔茧、乌头茧等用纱布袋装好放入大锅内，每袋约装 1~2 斤，加入老碱 2 两和香油 2 汤匙，加水至与茧相平，用大火烧煮并不停搅动。烧煮约一小时，当丝胶溶解、茧层变松没有生块时起锅。

③漂洗。将煮好的蚕茧拎到溪水边用脚踩踏，边踏边冲洗，将茧子中的碱水和蛹油挤出洗净。

④剥茧做“小兜”。将冲洗的茧子拿回家放在木盆或缸中。在盆上或缸上放一块木板，加入清水，捞出茧子，一颗颗剥开扯大后套在手上，一般套三四颗茧子，做成“小兜”，然后放到木板上。

⑤扯绵撑“大兜”。在木盆或缸里放入绵扩，竹制弓形框子，挂上一个坠子，使绵扩刚好放在水中，将“小兜”绷到绵扩上，扯开扯匀，把边

图 4.3.1　蚕

图 4.3.2　蚕茧

图 4.3.3 扯丝

沿扯薄，去掉生块和附着的垃圾，撑成一个厚薄均匀、无杂质的“大兜”。接着、脱下绵扩，用手绞干，甩松，一层层叠好。

⑥晒干。将“大兜”用针引线一帖帖单挂于竹竿上，晒干后即成丝绵。

⑦包装。将脱去水分已成“兜”形的丝绵，贴上商标牌号，成品上市。

图 4.3.4 桑蚕丝制作工艺

2. 蚕丝怎样辨别真伪

手感识别法：真蚕丝摸起来软糯、蓬松但不滑腻。经高温添加化学软化剂处理过的蚕丝细腻柔滑，有害人体健康。

直观识别法：肉眼观察真蚕丝呈自然珍珠色，每根丝都和织物一样长。

拉伸识别法：真蚕丝呈 S 形波状结构，弹性韧性都很好，拉伸成直线后放松即还原成 S 波形。其他蚕丝呈直线形，拉伸易断。

气味识别法：真蚕丝呈淡淡的蛋白芳香。其他蚕丝有酸碱性化学异味。

燃烧识别法：燃烧时间较慢，有烧头发、羊毛等焦煳气味，烧完后呈黑色小球状，冒白烟，用手碾压成粉末状。

试剂识别法：把真蚕丝浸在装有消毒液的杯中，5 秒后会瞬间溶解。

图 4.3.5　真丝布料

图 4.3.6　真丝围巾

3. 苦菜的营养价值

苦菜，别名甘马菜等，属于菊科植物。此外，苦菜中含有黄酮类、芹菜素、三萜类与溜醇类化合物等。因此吃苦菜可以获取以下好处：

①预防和缓解缺铁性贫血。苦菜中的铁元素比猪肉（3 毫克）还要高，虽然其吸收率会低于猪肉中的铁，但苦菜本身含有的维生素 C 可以促进植物中铁元素的吸收。

②缓解便秘。苦菜中的膳食纤维含量很高，可以促进肠道蠕动和缓解

图 4.3.7　苦菜　　图 4.3.8　苦菜菜肴

便秘。

③促进骨骼与关节健康。苦菜中的锰元素含量，在蔬菜中也是翘楚，锰具有促进骨骼形成，强韧关节的作用，配合苦菜中含有的钙、镁等，对骨骼与关节健康达到促进作用。

④杀菌消炎。苦菜中含有的蒲公英溜醇、胆碱等成分对金黄色葡萄球菌、溶血性链球菌，对肺炎双球菌、脑膜炎球菌、白喉杆菌等有一定抑制作用。

所以，人们可以多食用苦菜，可以鲜食焯水凉拌、蘸酱、炒食或者拌馅，也可以晒干后食用，更易保存。

拓展延伸

古诗词中的小满

五绝·小满

［宋］欧阳修

夜莺啼绿柳，皓月醒长空。

最爱垄头麦，迎风笑落红。

这首诗的大意是：夜莺在碧绿的柳树梢歌唱，夜空中升起一轮皎洁的月亮。最喜欢观赏垄头的小麦，小满时节，已经开始结麦穗了，它们迎着初夏暖暖的风，好像在嘲笑华而不实的落花。

小满

［宋］欧阳修

南风原头吹百草，草木丛深茅舍小。

麦穗初齐稚子娇，桑叶正肥蚕食饱。

老翁但喜岁年熟，饷妇安知时节好。

野棠梨密啼晚莺，海石榴红啭山鸟。

田家此乐知者谁？我独知之归不早。

乞身当及强健时，顾我蹉跎已衰老。

该诗通过对一户普通农家的描写，抒发了小满时节充满希望的喜悦之情，并发出了光阴易逝、时不我待的感慨。

吴门竹枝词四首其二・小满

［清］王泰偕

调剂阴晴作好年，麦寒豆暖两周旋。

枇杷黄后杨梅紫，正是农家小满天。

王泰偕，字平三，又字景韩，号警庵，邑增贡生，翰林院体诏，道光十二年生，光绪二十二年卒。有《青箱诗钞》，多为描写乡村田园风光，《吴门竹枝词四首其二・小满》即是其中优秀代表。

诗人首句点明了农事要点，作物的阴晴冷暖需要做好妥善调整，然后阐明此时麦已挂穗、豆已成形、枇杷黄熟、杨梅泛紫，最后归结正是农家值得欣慰的小满时节，活脱脱一幅美丽的四月乡村风俗画。小满风光好，人生多惬意。人生在世，不求大富大贵，但求恬淡平安。

第四节　大暑防暑荔枝甜

大暑，是二十四节气中的第十二个节气。斯时天气比小暑更烈，故称为大暑。“暑”是炎热的意思，大暑，指炎热至极。《逸周书》曰：“土润溽暑。又五日，大雨时行”；又曰：“大雨不时行，国无恩泽。”大暑是一年中日照最多、气温最高、雷雨天气横行的节气。大暑节气，高温酷热，雷暴频繁，雨量充沛，是万物疯狂生长的时节。

基础知识

夏至，是二十四节气的第十个节气。斗指午，太阳黄经 90° ，于公历 6 月 21 日至 22 日交节。夏至这天，太阳直射地面的位置到达一年的最北端即北回归线，此时，北半球各地的白昼时间达到全年最长。对于北回归线及其以北的地区来说，夏至也是一年中正午太阳高度最高的一天。

小暑，是二十四节气之第十一个节气，斗指辛，太阳到达黄经 105 度，于每年公历 7 月 6 日至 8 日交节。暑，意为炎热，小暑为小热，还不是特别热。小暑之后就是一年中最热的节气大暑，民间有“小暑大暑，上蒸下煮”之说。我国多地从小暑开始进入雷暴最多的时节。

中国古人将大暑分为三候：一候腐草为萤，二候土润溽暑，三候大雨时行。

“大暑”前后农作物生长最快。农耕生产特别依赖于地理气候条件。季风气候是我国气候的主要特点，季风气候是大陆性气候与海洋性气候的混合型，季风气候表现为雨热同期，雨热同期对农作物成长非常有利。由于我国的降水主要是由东南季风带来海洋的水汽而形成，受夏季风的影响，降水自东南沿海向西北内陆逐渐减少。从降水的季节分布状况来看，我国的南方热带和亚热带地区是典型的雨热同期；我国北方的华北、东北等地区的降水主要集中在夏秋之交，虽雨季短、降雨量少，但也是表现为“雨热同期”的气候特征，所以我国北方的华北、东北等地区气候也是属于“雨热同期”。光照充足、降水丰沛、高温湿润的雨热同期是我国非常优越的气候资源，十分适宜农作物生长。

科学味道

1. 荔枝的营养价值与功效

荔枝果肉中含糖量高达 20%，每一百毫升果汁中，含有最高可达 70 毫克维生素 C，此外还含有蛋白质、脂肪、柠檬酸、果酸、磷、钙、铁等成分。大多数人群均可食用，尤其适合产妇、老人、体质虚弱者、病后调养者食用，贫血、胃寒和口臭者也很适合。

图 4.4.1 荔枝

2. 夏季怎样防暑热

（1）定时饮水

夏天防暑最重要的一件事就是及时补充水分，要保持体内有足够的水分可以消耗，要多喝白开水、淡盐开水和茶水，少喝饮料，因为饮料含有大量的糖精和电解质，喝多了会对肠胃产生不良影响。

炎炎夏日是人体抵抗力最虚弱的时刻，要多吃含水量高的蔬菜水果，可以提高免疫力和预防疾病的发生。含水量高的蔬菜有冬瓜、黄瓜、西红柿、丝瓜、苦瓜，含水量高的水果有西瓜、柠檬、橙子、梨。并且还要多吃肉类食物，如鸡、鸭、鹅、鱼，以促进身体的新陈代谢。

（2）不要剧烈运动

夏天是人体体温最高的时候，如果剧烈运动后立即停下来休息，会导致血压降低，还会引发心慌气短、头晕眼花、面色苍白或休克昏倒等症状。

图 4.4.2 苦瓜　　图 4.4.3 黄瓜　　图 4.4.4 丝瓜

要预防这些症状的发生，就应该在剧烈运动后做些小运动量的动作，使呼吸和心跳慢慢恢复到正常状态后才可停下来休息。

（3）室内外温差不可过大

要保持室内外的温差不要过大，5 度以内最适宜，因为人体本身具有调节温度的功能，如果在空调下时间过长，而室内外的温差过大，离开室内骤冷骤热反差很大，会使人体调节功能紊乱。

（4）出门要备好防晒用具

夏天最好不要外出，等到晚上最阴凉的时候才出去走走，如果非得外出就要做好防护措施。如打遮阳伞、戴遮阳帽、戴太阳镜，涂防晒品。随身要携带防暑降温药品，如藿香正气口服液、十滴水、清凉油、风油精、避瘟散、暑症片等，为预防突发事件的发生，请携带以上某些药品；夏天的时候要多喝解暑降火的中药，可以达到防暑的目的。

3. 三伏天吃什么解暑?

（1）绿豆汤

绿豆有“食中佳品，济世之食谷”的美称。炎炎夏日用绿豆煮水喝可以帮助我们祛暑、防暑，同时能够缓解暑热烦渴及中暑引起的不适症。除此之外，绿豆中含有丰富的蛋白质，糖类、粗纤维、钙、磷、铁等微量元素以及胡萝卜素、维生素、氨基酸等多种营养物质。夏季饮用绿豆汤可以补充因大量出汗损失掉的营养素。要注意的是，绿豆汤性寒，体质寒凉、经常腹泻的人及经期女性不建议多喝。

图 4.4.5　绿豆汤

图 4.4.6　菊花茶

图 4.4.7　酸梅汤

（2）菊花茶

人们在夏季非常容易上火，菊花茶能够清热祛火，如果有一些因为肝火引起的头痛、红眼、情绪失常、容易发怒等症状，喝一些菊花茶能够缓解许多。

（3）酸梅汤

酸梅汤的原料是乌梅、山楂、桂花、甘草、冰糖等。常饮酸梅汤可祛病除疾、保健强身，是炎热夏季再合适不过的保健饮品。

做法：干乌梅和山楂先加水泡开，将泡开的乌梅和山楂与少量的桂花和甘草用纱布包起来，大火烧开水，放入食材。煮沸后，加入适量的冰糖或者可以起到上色作用的红糖。小火熬煮 6~7 小时，煮至水大约被熬去一半的时候，酸梅汤就做成了。

（4）苦瓜炒鸡蛋

苦瓜又可以叫凉瓜，营养价值很高。苦瓜在瓜类蔬菜中维生素 C 含量最高，含量仅次于辣椒，民间素有“夏天吃苦，胜似进补”的说法，意思是夏天湿热，适当吃点苦味食物有助于驱除人体内的湿邪。

4. 冬病夏治

冬为阴，夏为阳，某些好发于冬季或在冬季易加重的虚寒性疾病称为“冬病”，由于机体阳气不足，再加上冬季外界气候阴盛阳衰，导致正气不能祛邪于外，造成一些慢性疾病如慢性咳嗽，哮症、喘症、慢性泄泻、关节冷痛、怕冷、体虚易感等反复发作或加重。“夏治”是指在夏季三伏时令，在自然界和机体阳气最旺的时候，通过温补阳气，散寒驱邪，活血通络等治疗措施，增强机体抵抗病邪能力，有助于祛除阴寒之病邪。

冬病夏治最常用的治疗方法为中药穴位贴敷，现代研究发现，药物贴敷后可使局部血管扩张，促进血液循环，能够改善周围组织营养，药物透过表皮细胞间隙并经皮肤本身的吸收作用而进入人体血液循环，从而发挥明显的药理效应。冬病夏治的适应证有：呼吸系统疾病如慢性咳嗽、哮喘、慢性支气管炎、慢性阻塞性肺病、反复感冒等；风湿免疫性疾病如关节疼痛及肢体麻木、肩周炎、风湿性关节炎等；消化系统疾病如慢性胃炎、慢性肠炎、消化不良等；耳鼻喉科疾病如过敏性鼻炎、慢性鼻窦炎、慢性咽喉炎等；儿科疾病如哮喘、咳嗽、支气管炎、体虚易感冒、脾胃虚弱等；慢性皮肤病荨麻疹、冻疮、硬皮病等；妇科疾病如慢性盆腔炎、痛经、经行泄泻、不孕症等和其他阳虚型体质的人群。

拓展延伸

三伏天

三伏天出现在小暑和处暑之间（公历 7 月中旬到 8 月中旬），三伏分为初伏、中伏和末伏。三伏天的气候特点是气温高、气压低、湿度大、风速小。"伏"表示阴气受阳气所迫藏伏地下，干支历的节气日期和干支纪日日期相配合来决定三伏的日期。每个庚日之间相隔 10 天，所以初伏、末伏规定的时间是 10 天。又因为每年夏至节气后的第 3 个庚日（初伏）出现的迟早不同，中伏的天数就有长有短。

三伏天，是一年中气温最高且潮湿、闷热的时段。"入伏"后空气湿度增大，三伏天吹东南风，而东南方是空气潮湿的太平洋，造成三伏天湿度高。三伏天"高温、高湿"是我国南方地区的气候特点，而北方地区此时的天气"高温、干燥"。

每年入伏的时间不固定，中伏的长短也不相同，需要查历书计算，简单地可以用“夏至三庚”这4字口诀来表示入伏的日期,即从夏至后第3个“庚”日算起，初伏为10天，中伏为10天或20天，末伏为10天。我国古代流行“干支纪日法”，用10个天干与12个地支相配而成的60组不同的名称来记日子，循环使用。每逢有庚字的日子叫庚日。庚日的“庚”字是“甲、乙、丙、丁、戊、己、庚、辛、壬、癸”10个天干中的第7个字，庚日每10天重复一次。从夏至开始，依照干支纪日的排列，第3个庚日为初伏，第4个庚日为中伏，立秋后第1个庚日为末伏。当夏至与立秋之间出现4个庚日时中伏为10天，出现5个庚日则为20天。看来，庚日出现的早晚将影响中伏的长短，所以，出现了有些年份伏天30天，有些年份伏天40天的情况。

第五节　立秋啃秋贴秋膘

俗话说：“立秋前一日，食西瓜，谓之啃秋。”古人的俗语反映了习俗和美食与时令的关系，更重要的是可以利用这种联系享受美食、传承中华文化。

立秋是二十四节气之第十三个节气，秋季的第一个节气。该节气有很多美食，如：西瓜、茄子、红烧肉等，也有很多习俗，如：吃肉贴秋膘、啃秋吃西瓜等。

基础知识

立秋节气一般在每年公历8月7或8日。它是四时八节中的“四立”之一，也是最早的节气之一。立秋并不代表酷热天气就此结束，初秋期间天气仍然很热。所谓“热在三伏”，又有“秋后一伏”之说，立秋后还有至少“一伏”的酷热天气。整个自然界的变化是循序渐进的过程，立秋是阳气渐收，阴气渐长，由阳盛逐渐转变为阴盛的转折。在自然界，万物开始从繁茂成长趋向萧索成熟。这个季节也是很多粮食作物、瓜果将要成熟时，丰收的喜悦常用美食来体现。而民间还有立秋时“啃秋”吃瓜、吃肉“贴秋膘”的说法。

秋风一起，胃口大开，想吃点好的，增加一点营养，补偿夏天的损失，补的办法就是“贴秋膘”：在立秋这天各种各样的肉，炖肉、烤肉、红烧肉等，“以肉贴膘”。在北方，立秋一般会炖大肉，而在南方，秋膘常常是一些美味的海鲜。

立秋节气正好和三伏天重合，所以常常是“秋已立、暑难消”。民间有立秋时“啃秋”习俗，有些地方也叫“咬秋”，意思是夏日酷热，忽逢立秋，将

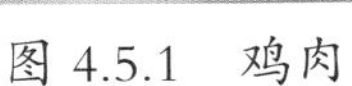

图 4.5.1　鸡肉

图 4.5.2　红烧肉

图 4.5.3　海鲜

图 4.5.4　西瓜

图 4.5.5　香瓜

图 4.5.6　秋桃

其咬住。而“咬住”的方法常是吃西瓜、香瓜。不过，不同地区的吃瓜习俗也是各有讲究。北京的习俗为立秋日早上吃甜瓜，晚上吃西瓜；天津人吃西瓜或香瓜；江苏无锡、浙江湖州等地则流行吃西瓜、喝烧酒，认为如此可以不生秋痱子，预防疟疾；上海则是向亲朋好友互赠西瓜，互相品尝。杭州一带除了吃西瓜外，还会在立秋食秋桃，每人一个，吃完要留着桃核，直到除夕丢进火炉烧成灰烬。人们认为这样就可以免除一年的瘟疫和疟疾，保佑平安。

科学味道

1. 有些人西瓜吃多为什么会腹泻？

西瓜味道爽甜且营养丰富，清热解毒又利尿，是夏季避暑水果中的首选。但是，有些人却一吃西瓜，“拉肚子”就接踵而至，这到底是为什么呢？

营养学家研究认为吃西瓜引起的腹泻可能与糖的“渗透性”有关。比如把一块萝卜放在高浓度的盐水里，过一段时间，萝卜就蔫了，因为盐水将萝卜中的水分吸了出来，这就是盐水的渗透性。同理，糖的渗透性也如是。

因此，人们在吃西瓜时，肠胃会吸收较高的糖量，加上部分人对糖的吸收功能较差，尤其是过量食用西瓜后，体内会形成“高渗透”的现象：胃壁细胞吸收水分的能力小于糖的渗透压，细胞中的水分会被糖吸收且排出体外，从而引发腹泻。一般而言，对于肠胃功能正常的人，多吃西瓜并不会引起腹泻。但如有人患有各种胃肠道炎症或患有肠易激综合征，加上工作紧张、生活不规律等精神因素，吃西瓜后会出现腹泻，因为西瓜的高渗透性容易引起这类人群胃肠功能动力学的改变。

因此脾胃虚、消化不良、大便滑泄者少食为宜，多食会腹胀、腹泻、食欲下降，还会积寒助湿，导致疾病。而且西瓜不能一次摄入过多，西瓜中的大量水分会冲淡胃液，引起消化不良和胃肠道抵抗力下降。还有西瓜刚从冰箱拿出来时，不要立刻就吃，要稍微放置一会儿再吃，这样也有助于预防腹泻的发生。

2. 立秋为什么要贴秋膘？

因为在夏季的时候天气炎热，很多人都会瘦一些。因为夏天是最耗气的季节，中医还有过了夏天无病三分虚的说法，因此夏天过后，很多人因为苦夏而体重减轻，而且夏天胃口差人们会不自觉地偏食，这对人体的生态平衡是非常有害的，往往还会对人体的内分泌和生物机能造成影响。秋风一起，气温下降，胃口大开，想吃点好的，增加一点营养，补偿夏天的损失。人们就用贴秋膘解决了这个问题，在体内既补充了必要的营养如脂肪、蛋白质以及多种微量元素，又起到了增强肌体抵抗能力的作用。同时，炖肉会加入很多料包，料包中的各种中草药、香料，对人体更是起到了祛瘟除湿、平补平泻的疗效。

立秋预示着冬天快来了，北方的冬天是寒冷的，很多动物都冬眠了，人们也得在秋天的时候多储存粮食，多吃点有营养的，来滋补身体，让身体长膘，身体有脂肪才能抵抗严寒，这是动物的本能。

3. 贴秋膘红烧肉炒糖色原理？

贴秋膘常吃的肉类有红烧肉、红烧排骨等，口感软糯，味道鲜甜，是经典佳肴。红烧肉颜色好不好，主要看用什么上色。如果用老抽上色，颜色容易发黑，还不亮泽，品相会差很多。在中餐烹饪技术中，最常用都是用焦糖色上色，焦糖色是用糖炒出来的，呈棕红色，富有光泽，能让食材的颜色更加红亮，还能够产生独特的焦香味以增进食欲。

糖类即为含羰基的化合物，氨基酸为含氨基的化合物。将糖类在油锅里加热会发生焦糖化反应，再把五花肉放入其中，糖会和五花肉进一步发生美拉德反应，使五花肉的颜色进一步加深，并产生特殊的香气。在焦糖化反应和美拉德反应的共同作用下，一道色泽诱人、香气扑鼻的红烧肉就出炉了。

（1）焦糖化反应

糖类物质在没有氨基化合物存在的情况下，加热到熔点以上时，会发生脱水和降解，产生褐色物质，其中很重要的一种物质就是焦糖，呈现焦糖色、酱色，同时还会产生香气，这个过程叫作焦糖化反应。

焦糖是一种应用十分广泛的天然着色剂、食品添加剂。做饭常用的调味料，如酱油、醋、料酒、蚝油等都添加有焦糖，用酱油来上色，主要就是靠其中添加的焦糖。很多人爱喝的可乐，其颜色主要就来自于其中添加的焦糖；甚至有些啤酒当中也添加有焦糖。除此之外，焦糖还可以用作甜点和饮品的点缀和装饰。

（2）美拉德反应

在不用酱油的情况下，把白糖放在油锅里加热，糖在没有氨基化合物存在的情况下会发生焦糖化反应生成焦糖，此时再加入五花肉，五花肉中含有丰富的蛋白质，而蛋白质是由氨基酸组成，焦糖遇到氨基酸又会发生美拉德反应，便能给肉增色，增加香味。

美拉德反应是指含羰基的化合物和含氨基的化合物在常温或者加热情况下，会发生缩合、聚合反应，生成类黑色素、芳香化合物等多种物质的过程。该反应的产物会引起食物色泽和香味的变化。

（3）炒糖色的糖

炒糖色所常用的各种食用糖，如白砂糖、冰糖等都是蔗糖，只不过它们的纯度有所不同。冰糖由砂糖重结晶精炼而成，纯度更高，杂质比较少；而白砂糖未经纯化其中杂质更多，使用同种工艺制作出的糖色浮渣较多，需要撇掉以后才能用。因此，很多中餐师傅常使用冰糖炒糖色。

拓展延伸

西瓜皮的营养价值

西瓜是夏天常吃的一种水果，营养丰富且味道爽甜，清热解毒而且利尿。大家享受完西瓜的爽甜后，往往把西瓜皮给当成垃圾丢掉了，殊不知西瓜皮有大家不知道的五大好处。

（1）清热解毒，利水止渴止咳

夏季是一年四季中温度最高的季节，很容易使人中暑，是伤津耗液的季节。这个季节容易出现心胸烦闷，心情急躁，小便少或便秘等现象，如果出现这些表现可以用适量的西瓜皮搭配鲜荷叶熬汤喝即可。

（2）护脾健胃、消暑养神

夏季天气炎热，人们的饮食会变得相对不规律，随之脾胃的运化功能就会受影响，甚至人体的体温不断升高还会引发中暑，整个人就会表现得懒洋洋的、缺乏精神。这时候可以准备些西瓜皮，再配几个大枣熬水喝，不仅可以护脾健胃，还能缓解疲劳，效果还是挺不错的。

（3）缓解牙痛

西瓜皮还有一个特殊作用，就是将其晒干后加入少许冰片放在牙痛的位置，经研究尚有缓解牙痛的作用。

（4）美容养颜

西瓜皮中含有丰富的维生素 C 和维生素 E，对于皮肤有很好的补水美白效果。在一些化妆品中也能见到含有西瓜的成分，比如西瓜补水爽肤、西瓜美容霜等，可见西瓜皮的补水效果是经过事实验证的。每天坚持用西瓜皮擦擦脸，皮肤水嫩不干燥，同时还能美白，是天然护肤品。

（5）预防痤疮

西瓜皮可以利水、清热解毒，同时也排出了体内的毒素，促使毛孔的舒张以预防痤疮的发生。西瓜皮如果配上绿豆，效果更好，将绿豆煮熟，再放入西瓜皮一块煮沸，每天饮用多次，利小便的同时又排出体内毒素，真的是一味好消暑解热的好美食。

中医将西瓜皮称为西瓜翠衣，中药方清络饮中就有此药，即是食品又是药品。

第六节　寒露登高蟹脚痒

俗话说："秋风起，蟹脚痒，九月圆脐十月尖。"古人的俗语反映了习俗和美食与时令的关系，更重要的是可以利用这种联系享受美食、传承中华文化。

寒露是二十四节气之第十七个节气，秋季的第五个节气。该节气有很多美食，如大闸蟹、板栗等；也有很多习俗，如登高赏红叶、赏菊、喝菊花茶等。

基础知识

寒露节气一般在每年公历10月8日或9日，秋风起，寒露生，露水是季节的信使，寒露时节秋风乍起，一颗颗露珠凝结的凉意像是要沾湿整个秋的气息。南下的秋风，不止解落了桐叶，也使得大雁南飞。寒露往往是一年中温度下降最快的时候，人们已经穿上秋装，抵御冷空气的来临，寒露节气前后会迎来我国重要的传统节日"重阳节"。由于寒露时节气候十分适合登山，我国自古就有重阳节登高的习俗。天高云淡，漫山遍野的深浅层次不同的红叶，如此秋光，怎能辜负。寒露节气前后正是菊花盛开

图 4.6.1　登高

图 4.6.2　红叶

图 4.6.3　菊花

的时节，所以寒露也是赏菊的好时节，农历九月也因此被称为“菊月”。

俗话说“秋风起，蟹脚痒”，寒露时节正是吃大闸蟹的好时节，此时的雌蟹已经成熟，蟹黄饱满，蟹肉丰腴，鲜美嫩滑的蟹黄在口中，唇齿间便生出阵阵香气，再配上姜丝糖醋和绍兴黄酒，既美味又驱寒。而公蟹成熟则要等到农历十月了，所以民间有“九月团脐十月尖”的说法。寒露过后板栗成熟，糖炒板栗、板栗焖鸭都是寒露时节的美食。寒露的菊花不仅可以观赏，还是秋天防燥降火的好食材，用菊花泡茶或者酿酒都有疏风清热、平肝明目的功效。

科学味道

1. 从露水看白露和寒露的区别?

进入白露节气后，北半球阳光照射角度明显倾斜，地面接收的阳光热度显著减少，高空的冷气层不断下沉，距离地面越来越低，地表温暖的空间越来越小。从白露到寒露再到霜降是一年中气温降的比较快的一段时间，

图 4.6.4　蟹黄

图 4.6.5　板栗焖鸭

图 4.6.6　菊花茶

图 4.6.7　白露露水

图 4.6.8　寒露露水

图 4.6.9　霜

因此这个时期是我国许多地区气候变化的一个转折点，所以俗语有“一场秋雨一场凉”的说法。白露在秋分之前，天气转凉，开始出现露水。寒露则是在秋分之后，气温更低，跟白露时刚刚出现的露珠相比，这时候的露水更多，停留的时间更长，并且很快就要凝结成霜了。“寒露寒露，遍地冷露”，在寒露这个气温迅速下降的节气，古人用很多谚语提醒人们关注季节的变换。比如“白露身不露，寒露脚不露”，意思是白露节气一过，光着上身可能就要着凉了，寒露节气一过，就要注重双脚的保暖，不能再穿凉鞋了等。

2. 螃蟹为什么横着走路?

在众多动物当中，螃蟹算是最“霸气”的了，因为别人是顺着走路，只有螃蟹在“横行”。很多人不禁会问，螃蟹为什么横着走路呢?

第一种，是关于地球磁场的说法：

有资料显示螃蟹是根据磁场来判断方向的，地球在漫长演变过程中，发生了多次南北极调换的情况，即“N—S”极位置互换，这样很多生物很难适应而在地球消失，而螃蟹内耳存在定向小磁体，能敏锐地感知地磁。但是磁场的多次倒转，小磁体在螃蟹体内原来的定向作用丧失了。为了适应地磁场倒转，并且生存下来，螃蟹索性不向前走，也不退着走，选择了横着走。这样不论磁场南北极怎么变，螃蟹都能正常生存。

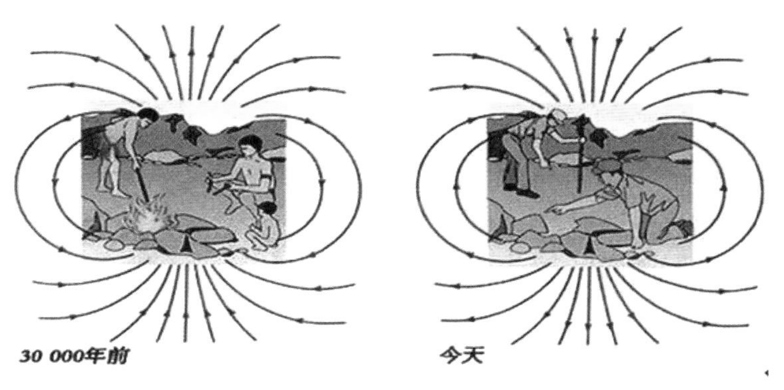

图 4.6.10　地球磁场变化

图 4.6.11　螃蟹

第二种，从生物学的角度来看：

蟹的头部和胸部在外表上无法区分，就叫头胸部。十只脚长在身体两侧，第一对螯足，既是掘洞的工具又是防御进攻的武器。其余四对脚是用来步行的，叫作步足。每只蟹脚都有七节，但是关节只能上下运动。就和人一样，胳膊肘只能往里拐，不能往外拐，膝盖只能向前弯是一样。如果螃蟹向前走，走得很缓慢，步幅、速度和效率远远低于横着走。

第三种，从长宽比上看：

螃蟹的体宽比它的头尾长度要长，整个身体呈宽宽的、扁平的形状，横着走会更快，也更节省体力，而且，如果进入洞穴，横着走会更便捷。

3. 螃蟹为什么蒸煮后颜色会变红？

螃蟹表面的颜色主要取决于甲壳动物真皮中的色素细胞。很多色素物质存在于虾蟹壳体表层，这些色素颜色是青黑色的，所以螃蟹壳成青黑色。

虾蟹壳中还有一种色素是虾青素，虾青素本来是红色的，但螃蟹体内的蛋白质与虾青素通常情况下结合在一起，虾青素此时不显红色。高温加热螃蟹时破坏了许多色素的稳定，蟹壳青黑色随着色素破坏而失去。高温也使得与虾青素结合的蛋白质发生变性，失去原来的活性，虾青素从蛋白质中分离出来，而虾青素与其他色素相比有稳定的性质，遇高温不会被破坏，从而呈现出其原始的红色，螃蟹的身体也神奇地变成红色。

值得一提的是，虾青素并不是均匀地分布在螃蟹蟹壳表面的，这一点我们在蟹加热后可以直观地看到。螃蟹在经过高温蒸煮后，螃蟹的背部，蟹脚显红色，腹部则几乎看不到。这是因为虾青素多的地方，红色就会比较深，譬如蟹背和蟹脚；如果虾青素含量很低，红色就会比较浅，红色就会比较浅，譬如蟹身的侧面；而像完全不含有虾青素的大闸蟹腹部，是不会发生任何颜色变化的，所以无论蒸熟加热多久，螃蟹的腹部都不会变成红色。

4. 柿子和螃蟹一起吃会中毒吗?

进入秋天后，柿子开始成熟，黄澄澄、甜蜜蜜、软糯糯，煞是诱人。但是民间有种说法，如果螃蟹和柿子一起吃，可能会生病，甚至有生命危险。科学上也给出解释是螃蟹是高蛋白食物，而柿子中含有单宁（化学上称为“鞣酸”）。如果吃大量螃蟹后胃中有很多蛋白质，同时再吃很多柿子，大量单宁也会进入胃里，蛋白质遇到单宁会形成不溶性物质，同时会让胃蛋白酶失去活性。而且柿子中还含有果胶、膳食纤维等成分，多种不溶性物质混合可能形成“胃柿石”，容易使消化道阻塞，引起腹痛。

实际上柿子中的单宁含量相差很大，大约在0.4%到4%之间。研究发现柿子中单宁的含量跟柿子的品种和成熟状态有密切关系。柿子在生长过程中，单宁含量会逐渐增多，柿子成熟后很甜，单宁含量会低于0.1%，柿子未成熟时会很涩，单宁含量会高于4%。民间说法不能与螃蟹同吃的柿子是未成熟的涩柿子，其中单宁含量较高，一次性大量吃下螃蟹和未成熟的涩柿子确实可能发生腹痛。

一般情况柿子只要不涩嘴，就能和螃蟹一起食用，因为舌头上的蛋白质遇到单宁会结合，因此我们会感到涩嘴。而且单宁含量越高，会越涩嘴。我们的舌头对单宁非常敏感，如果吃的柿子不觉得涩，说明其中含单宁的量就很低，也就没有什么问题了。

所以熟柿子和螃蟹一起吃，是没有问题的。又是一年秋风起，美味可口的螃蟹和香甜软糯的柿子都不要错过啊！

拓展延伸

谁是第一个吃螃蟹的人？

虽说不知道几千年前是谁先下的嘴吃螃蟹，但在文字记载上，螃蟹作为菜肴距今也有三千年的历史，中国最早的吃蟹记录在先秦古籍《周礼·天官·庖人》之中。

庖人在先秦是个官职，主要负责准备祭祀时用的珍贵菜肴，这些珍贵菜肴里，就包括一道青州进贡来的“蟹胥”，指的是用蟹肉制成的酱。

到了魏晋南北朝时期，人们才真正领略到了蟹的美味，《晋书·毕卓传》中记载，毕卓一生最大的愿望就是一手拿着蟹螯，一手拿着酒杯，在船上观光作乐。

此后，人们也把吃蟹饮酒、赏菊赋诗等作为文人风流的象征，明清时期吃蟹的方法与现在的清蒸、白煮类似，吃蟹用的“蟹八件”也是明清时期在江南地区逐渐形成的。

大家都知道螃蟹性寒，如果加上一杯活血祛寒的酒，氛围立马就不同了，连《红楼梦》里的林黛玉，虽然弱不禁风，不胜酒力，但是在吃蟹之后也要饮酒。

古人喜欢以酒佐蟹，诗仙李白更是对吃蟹饮酒有独钟，留下了“蟹螯即金液，糟丘是蓬莱，且须饮美酒，乘月醉高台”的诗句。

吃蟹饮酒固然有古人的理由，一来酒性温和，二来则因为酒中丰富的氨基酸和酯类物质还能祛除蟹的腥味，增加蟹在口中的鲜美感觉。

梁实秋曾说：“有蟹无酒是大煞风景之事。”秋意渐浓，螯封嫩玉，红膏满盖，再配上一杯美酒，一场舌尖盛宴让人浮想联翩……

第七节　小雪糍粑腌腊肉

俗话说：“秋冬腊风腌，蓄以御冬”。古人的俗语反映了习俗和美食与时令的关系，更重要的是可以利用这种联系享受美食、传承中华文化。

小雪是二十四节气之第二十个节气，冬季季的第二个节气。该节气有很多美食，如：刨汤、糍粑等；也有很多习俗，如：腌腊肉、晒鱼干、酿小雪酒等。

基础知识

小雪节气一般在每年公历 11 月 22 日或 23 日。小雪是反映降水与气温的节气，它是寒潮和强冷空气活动频数较高的节气，意味着天气会越来越冷。俗话说“小雪气寒而将雪矣，地寒未甚而雪未大也。”意思是到“小雪”节由于天气寒冷，降水形式由雨变为雪，但此时由于“地寒未甚”故雪量还不大，所以称为“小雪”。

小雪节气后气温下降很快，天气越来越干燥，这样的天气适合加工腊肉。小雪节气后，人们开始动手做香肠、腊肉，用传统方法把肉类储备起来，春节时就可以享受到美味的腊肉啦！我国加工制作腊肉的传统习惯不仅久远，而且普遍。小雪节气后晒鱼干是我国南方地区的民间习俗，享有“手撕闻香，口齿流芳”的盛名。白鱼、草鱼、青鱼、鲈鱼等都可以制成休闲风鱼系列产品。

古时候南方一些地方把糍粑当作一种祭品，用来祭拜牛神的。后来南方一些地方就有了十月吃糍粑的习俗，最后演变成小雪节气吃糍粑的习俗。

这个习俗的演变是因为从小雪开始，气温骤降，气候也渐渐变得干燥，这时我们吃上一口甜甜的糍粑，不但能给我们补充能量来抵御严寒，由糯米制作而成的甜甜的糍粑，裹上一层黄豆粉，入口就为我们带来了幸福的味道，糍粑不仅口感细腻、比较营养，也比糯米更好吸收，更适合寒冬季节。

科学味道

1. 小雪下雪有哪些好处?

农村里流传着一句俗语："小雪雪满天，来年必丰年。"意思是说，小雪节气这一天，如果遇到下雪天气，就是好兆头，预示着来年将是一个好年景，庄稼就会大丰收。俗语中蕴含着一定的科学道理。

小雪节气，天气开始寒冷，北方更冷，这个时节降雪增多，说明空气中水分比较充足，通常会保证冬天雨水充足，不会发生旱情，也就预示着来年雨水均匀，不会发生大的旱涝，这样的情况下，年景相对就会好。

小雪节气降雪，温度就会较低，天气较冷，土壤上覆盖一层雪能冻死土壤中的一些病菌和害虫，来年病虫害发生的程度就会减轻，没有病虫害的捣乱，农作物生长也会好起来，丰收也就有保障了。

农村还有句老话："今冬麦盖三层被，来年枕着馒头睡。"大雪不但有冰冻的作用，被雪覆盖的土壤就像盖上棉被，还具有保温的作用，对于

图 4.7.1　腊肉

图 4.7.2　香肠

图 4.7.3　晒鱼干

图 4.7.4　红糖糍粑

图 4.7.5　糍粑

小麦越冬和旺苗非常有好处，因此冬季降雪，往往对来年小麦的丰收大有帮助。

2. 腌腊肉过程中添加亚硝酸盐的用途

亚硝酸盐这个词常常听到，自然界中亚硝酸盐属于含氮的化合物，经常存在于土壤以及水域中，在我们食用的腌菜、香肠和腊肉等食物中也含有。2017 年 10 月 27 日，世界卫生组织国际癌症研究机构将亚硝酸盐列入 2A 类致癌物清单中。

研究表明亚硝酸盐能使血液中正常携氧的低铁血红蛋白氧化成高铁血红蛋白，因而失去携氧的能力而引起组织缺氧。因此亚硝酸盐是剧毒物质，成人摄入 0.2~0.5 克即可引起中毒，3 克即可致死。同时研究发现食管癌的发生与摄入的亚硝酸盐量有关联，亚硝酸盐的致癌机理是：在胃酸等环境下亚硝酸盐与食物中的仲胺、叔胺和酰胺等反应生成强致癌物亚硝胺。因此有人谈亚硝酸盐就色变，但是亚硝酸盐确实一种可以添加到食物中防腐剂。那又是为什么呢？

小雪节气很多家庭都会腌菜、腌腊肉和灌香肠等，这是我们保存蔬菜和肉类普遍采用的一种方法，腌制的时候一般只放食盐，但是肉里面蛋白质中的氮元素经过微生物代谢之后，会产生亚硝酸盐。而在饮食业中，制作腊肉和腊肠等除加放食盐外还会主动添加少量硝酸盐和亚硝酸盐作为防腐剂和发色剂。首先加入少量硝酸盐和亚硝酸盐后，肉类的防腐能力能够提高，能抑制肉毒杆菌的繁殖，也可以抑制许多其他类型腐败菌的生长，延长贮存期。其次硝酸盐和亚硝酸盐是一种发色剂，硝酸盐可在某些细菌的作用下转变为亚硝酸盐，亚硝酸盐可与肉中的肌红蛋白结合成产生对热稳定的亚硝酸肌红蛋白，使肉呈鲜红色，增加诱人食欲。但是亚硝酸盐过量就可能在人体内产生亚硝胺，对人体有致癌作用。因此我国食品卫生标准规定，腌肉、腊肉、火腿、腊肠等只要是加入亚硝酸盐的，其肉内的残留量不得超过每千克 20 毫克（最大剂量）。

总之，食物中含有过量的亚硝酸盐对人体有害，国家标准范围内添加亚硝酸盐不会对人体健康产生太大的危害，也可以在食用腊肉等食物前放到水里充分煮一下，亚硝酸盐就会溶解在水中，我们吃起来就更安全。

拓展延伸

不同地方的腊肉

腊肉是我们秋冬季节常吃的食物，尤其是在过年过节的时候，也算是一道硬菜，家家户户基本上都会吃。还记得小时候腊肉基本上只有过年的时候才能吃到，那时候腊肉的数量少，一般都是自己家做的。而现在随着我们生活水平不断提升，大家很少在家自己做腊肉了，因为做的分量太少，费力也不划算，现在专门做腊肉的作坊很多，一年四季只要想吃都能吃到。盛产腊肉的地区也很多，很多人在购买腊肉的时候不知道如何选择。我们就介绍下最有名的四个地方的腊肉，吃过的人都点赞，唇齿留香又下饭。

（1）贵州腊肉

去过贵州旅行的朋友，如果有机会进到贵州的农家户，就会发现基本上家家户户家里的火炕上都吊着很多的肉，这就是贵州的一个土特产——贵州腊肉，贵州的腊肉在当地是非常受欢迎的。制作方法一般就是把猪肉先挂在火坑的上面，先用松柏的叶子烧一天左右，在烧的过程中松柏叶子的香味就会上升进入到猪肉中，猪肉也会跟着入味，同时慢慢开始上色。此时再用小火坑慢慢熏，至少也得熏个五天，熏的过程中猪肉会把肥油滴下来，最后变成黄灿灿的，整个熏制的过程中不添加其他的调味料。贵州腊肉虽然有肥肉，但是这个肥肉吃起来一点也不油腻，反而还很有嚼劲，还有腊肉烟熏味浓郁，吃起来原汁原味。

图 4.7.6　贵州腊肉

（2）湘西腊肉

湘西腊肉上过《舌尖上的中国》，可见湘西的腊肉还是有特点，能征服吃货们的胃，因此也是名声大噪。湘西腊肉也是熏烤的，但是采用的是木材熏制，一般是茶树、杨梅树等，在熏制的时候还会在火塘上面添加一些橘子皮、松果等配料，这样熏出来的腊肉，自带天然的清香味，吃起来唇齿留香。而湘西腊肉个头相对来说比较大，所以腌制和风干的时间也会更长，这样制作出来的腊肉吃起来口感也会更细腻坚实，所以受到了各地朋友的喜爱。

图 4.7.7　湘西腊肉

（3）四川腊肉

四川腊肉，历史悠久，口味独特，让人吃一次就忘不了。大家都知道四川的朋友是很爱吃辣的，不管是什么食材加点麻辣吃起来都非常香，当然四川的腊肉也不例外，

图 4.7.8　四川腊肉

四川腊肉的熏烤过程其实和其他地区的腊肉没有太大区别，一般都是用香柏树枝或杜仲树枝来熏烤，这样熏烤出来的腊肉自带一股清香味。不同的是，四川腊肉在腌制的时候，还会专门加入辣椒粉和花椒粉以及其他

图 4.7.9　云南腊肉

的配料，这样腌制出来的腊肉腊肠吃起来麻辣鲜香，所以也成了口味独特的腊肉，吃过的朋友都点赞。

（4）云南腊肉

云南的腊肉种类丰富，不管是腊肉、腊排骨、腊肠等一应俱全，云南的朋友也非常爱吃腊味。原材料一般都是自己喂养的土猪肉，腊排骨上必须带着瘦肉才好吃，腌制好了之后直接放在通风处等它自行风干一个月左右，看到腊排骨的颜色红润，腊排骨就做好了。腊排骨拿来煲火锅吃，香味都非常浓郁，吃过的人都忘不了这个味道。

第八节　冬至饺子喝羊汤

俗话说：“冬至不端饺子碗，冻掉耳朵没人管”。古人的俗语反映了习俗和美食与时令的关系，更重要的是可以利用这种联系享受美食、传承中华文化。

冬至是二十四节气之第二十二个节气，冬季的第五个节气。该节气有很多美食，如：饺子、羊肉汤等；也有很多习俗，如：祭祖宴饮吃饺子、冬泳喝羊汤等。

基础知识

冬至节气一般在每年公历 12 月 21 日至 23 日之间。冬至是中华民族的一个重要的节气，在民间有“冬至大如年”的说法，所以古人称冬至为“亚岁”“冬节”“贺冬”“小年”等，这一天太阳直射南回归线，北半球全年中白天最短、夜晚最长。也是从这一天开始“进九”，正式步入严寒，我们必须得吃点好的补补身体。而且冬至是天地之气，阴阳之气转换的关键性节点，在这一天进补，会有平时三倍的效果。

冬至的美食有很多，在北方，饺子在冬至美食中占据了绝对霸主地位，从东北到中原都有冬至吃饺子的习俗。在寒冷的冬日，来一份热气腾腾刚出锅的饺子，蘸点香醋，轻轻咬破，汁水四溢，吃完再来一口原汤，浑身都舒坦了，让人几乎忘记这个寒冷的季节。而在南方，人们习惯冬至吃汤圆，古诗有云：“家家捣米做汤圆，知是明朝冬至天。”汤圆有团圆、圆满之意，所以冬至吃汤圆又叫冬至团，以此寄托对来年阖家团圆的祈福。

冬至开始天气越来越寒冷，来一份热气腾腾的羊肉汤，既能抵御风寒，又可滋补身体，实在是一举两得的美事。冬至过后，对冬泳爱好者来说也是磨炼意志，锻炼身体的好时机。

科学味道

1. 煮饺子用冷水还是热水?

俗话好“好吃不过饺子”，饺子不仅好吃，而且煮饺子充饥简单又方便。令人奇怪的是，很多人在家煮出来的饺子没有外面饭店煮出来好吃，饭店煮出来的饺子不仅好吃，卖相也好看，一颗颗又大又浑圆。其实，这主要是我们煮的方式有关系。煮“饺子”时，到底用热水还是冷水？很多人搞错，难怪破皮不好吃！

饺子可以分成现包的饺子和速冻饺子两种，类型不一样，煮的时候也有差别。

（1）现包的饺子用开水

自己在家动手包的饺子，水煮沸后再放水里煮，这样饺子皮里的肉类等食材快速凝固成型，饺子不容易粘在一起，用勺子搅拌更方便。等水再次煮沸的时候，要添加少量冷水进去。因为如果一直任由沸水煮，饺子皮就很容易煮烂，这样一来，煮出来的饺子自然就会破皮不好吃啦，而且还会导致外面的皮熟了，里面的肉馅没熟的情况。因此，大家用开水煮现包的饺子时，趁水一煮开就加凉水，反复加 3 次凉水之后，饺子就煮好了，不破皮，卖相好，口感更好吃。

（2）速冻饺子用冷水

速冻饺子经过冷冻，且外表早已冻硬的饺子，建议大家最好是冷水煮。因为如果用热水煮这种饺子的话，非常费电，煮了很久，饺子也不见熟。还有速冻饺子用大火煮很容易破皮，而且肉类馅不容易煮熟。换冷水煮就方便多了，冷水和速冻饺子用中火一起加热煮沸。水温不断上升，肉类馅和面皮均匀受热。从煮饺子时间上看，用冷水煮速冻饺子比沸水煮饺子还要快一点，并且煮饺子的过程不用经常倒冷水，只要开锅等两三分钟就行了，这样煮出来的饺子皮十分有嚼劲。

2. 汤圆和元宵的区别

冬至节气南方习俗要吃汤圆，而元宵节时候要吃元宵，很多人认为汤圆和元宵是一种食物，只不过叫法不一样，汤圆与元宵虽然都是圆圆的，外观上差别不大，但是两者是根本不同的两种小吃。下面我们就来说说，元宵和汤圆究竟有什么不同，哪个更好吃？

（1）做法不同

①元宵是“滚”出来的。

做法是先做好馅料，分成小块，冷冻，然后准备一个斗，里面放上糯米粉，馅料上洒点水，放在糯米粉里滚，越滚越大，再洒点水，继续滚，重复操作四五次，元宵就完成了。

②汤圆是“包”出来的。

汤圆的做法类似饺子，不过不用擀皮。糯米粉加温水揉成光滑的面团，分成一个小小的团子，中间按一个洞，包入馅料，就是一个汤圆。

（2）馅料不同

因为元宵是“滚”出来的，所以馅料种类不多，偏硬，一般就是传统的豆沙、芝麻、花生等馅料。如果是软软的馅料，就滚不起来了。

汤圆就不同了，有甜有咸，花样繁多，馅料偏软。有豆沙、黑芝麻、花生、巧克力、香芋、水果等，甚至还有肉馅儿，满满的江南风情。

还有两者的含水量是不一样的。汤圆的含水量比元宵的高，吃起来软

图 4.8.1　饺子

图 4.8.2　汤圆

软的。汤圆没有馅也可以，而元宵没有馅，是不可能的。

（3）形状可能不同

因为制作方法的不同，所以汤圆的外形，花样也更多，一般是圆形，也可以做成各种形状。而元宵，滚来滚去，也就一种圆形吧。

（4）口感不同

因为制作工艺的不同，所以汤圆的口感一般更为细腻，元宵就略显粗糙，但是有嚼劲。

（5）吃法不同

汤圆一般是煮着吃，近几年也可以蒸着吃、炒着吃。煮汤圆的时间比较短，大概 3~5 分钟浮起来就好了。因为汤圆是先吸水再包馅，所以煮出来的汤是清汤。

而元宵是滚出来的，外面是干粉，入锅煮的时候再吸水，所以煮的时间较长，往往要 10 分钟以上，煮后的汤因为生糯米粉吸水变成浑汤。元宵，除了煮着吃，还能炸着吃。

（6）保质期不同

汤圆可以冷冻起来，所以保质期比较长。只要有超市就能买到速冻汤圆，全年都可以吃到。

元宵，保存时间短，多放几天或者冷冻后很快就会开裂。所以想要吃元宵，一般是现场制作，当日售卖。

3. 冬天喝羊肉汤作用

在中国民间一直有“药补不如食补，食补不如汤补”的说法，人们都喜欢喝一些滋补类的汤品来调理身体，羊肉汤就是最受欢迎的滋补汤之一。

（1）增强免疫力

羊肉和猪肉相比，不论是脂肪还是胆固醇，其含量都是比较少的，并且营养价值比较高，富含丰富的蛋白质、维生素 B1、维生素 B2、维生素 B6 以及铁等营养物质，经常食用可为人体提供充足的氨基酸来源，促进自身蛋白质的合成，增强免疫力，减少很多疾病的发生。

（2）暖胃驱寒

羊肉性温，多吃可以起到暖胃的作用，促进肠胃运动。对于脾虚和饮食不好的人来说，羊肉可健脾，吃后可以调理脾虚，有去除体内寒凉之气的作用，再加上羊肉汤中加入的胡椒面、辣椒等性质温热的辛香调味料，驱寒作用更佳，天气寒凉的时候食用有很好的暖身驱寒的作用。

（3）强健筋骨

羊肉中含有丰富的蛋白质和钙、镁、磷等矿物质，可以为肌肉和骨骼的合成提供原料，有强健筋骨的作用，炖成羊肉汤食用，更易消化和吸收，适宜人群更多。

（4）促进乳汁分泌

羊肉中的蛋白质含量丰富，而蛋白质是乳汁的主要成分，哺乳期的女性食用一些羊肉汤可以促进乳汁的合成和分泌，可以为乳母补充营养，并且促进宝宝的生长发育。

拓展延伸

冬泳的利弊

冬至以后，冬泳成为冬泳爱好者的一项强身健体运动，它能够起到增强心血管，增加血管弹性的作用，从而提高人体的抵抗力和免疫力。但是冬泳的一大特点就是冷，容易让人受寒，刺激皮肤，引起感冒等。下面具体来看看冬泳的好处和坏处都有哪些。

（1）冬泳有哪些好处？

①增强心血管的功能。人体皮肤遇到冷水刺激后，血液循环会加快，促进人体的新陈代谢。皮肤血管受冷急剧收缩，伴随着机体的有利于锻炼皮肤血管，增强了血管的弹性，减少动脉硬化的可能性。因此，长期坚持冬泳，极大增强了人体对冷刺激的适应能力，能起到预防心血管疾病的作用。

②改善呼吸功能。冬天由于受到冷水的刺激，所以会关闭人体外周血

管，保证脏器的供血增加，加快大脑细胞上的氧气输送，有利于消除神经疲劳。游冬泳时，人们会有刚开始接触冷水时的急促吸气，慢慢变成深呼吸，提高肺组织的弹性，加强了呼吸系统的功能。

③改善消化功能。冷水的刺激可以改善人体消化系统。冬泳时需氧量增加，呼吸加深，腹膈肌升降幅度加大，腹腔的血循环会加快，胃肠蠕动会加强，微弱的蠕动还能按摩邻近器官。

④增强皮肤弹性。经常冬泳的人皮肤不仅富有弹性，而且红润有光泽。因为冷水刺激人体后，皮肤表层血管会强力收缩，皮下的脂肪会增厚，加快血液循环，皮肤接收营养会充分。

（2）冬泳有哪些坏处?

任何事情都会有两面性，冬泳在为人体增强免疫力的同时，也容易引起以下问题：

①容易受寒。冬泳主要的特点就是水比较冷，很多年轻人仗着自己还很年轻，身强体壮，不做好热身准备或其他防护措施，就一头扎进冬泳的大队中。这样做的结果就是容易导致风寒侵身，容易引起风寒感冒，甚至出现不同程度的冻伤等。

②容易中风。在冬泳的队伍中老年人不少，其中不乏高血压患者。不少人认为冬泳可以治好高血压，其实不然。高血压的治疗主要与控制饮食和情绪为主有关，可以吃医生配的药物稳定病情，单单靠冬泳来降血压并不明智。实际上，现如今曾有过老年人冬泳后出现不同程度的中风，严重时甚至会导致死亡。

③不安全。游冬泳的人相对于夏季来说要少得多，相对应的救生措施也比夏季要少得多。一般在冬泳时容易出现抽筋、呛水、碰伤等意外，对于一些中老年人或儿童来说比较危险，另外，不建议有患有重大疾病的人参加冬泳。

另外，冬泳的时间、强度、运动量都需要根据自身的具体情况，做好热身准备，同时要学习自我急救的知识，做到有备无患。

第五章

“自然之威”之自然凶险

“九年夏四月，天诫若言语。烈风驾地震，狞雷驱猛雨。夜于正殿阶，拔去千年树。”这是唐杜牧《李甘诗》中的几句。说的是唐文宗李昂大和九年夏四月，发生了一次灾害。狂风呼啸，雷霆万钧，暴雨如注，地动山摇，屋摧树倒，一片恐怖景象。各类自然灾害是普遍存在且频繁发生的，那么，自然灾害和节气有什么关联呢，自然灾害的发生有哪些原理，如何利用科学知识进行减灾防灾与治理呢？本章内容带你了解风沙、暴雨、山火、暴雪、蝗灾以及这些灾害的防治等方面的知识，希望对你有所帮助。

第一节　春分节气始风沙

2000年3月22日至23日，内蒙古自治区出现大面积沙尘暴天气，局部地区瞬时风力达到8至9级，部分沙尘被大风携至北京上空，加重了扬沙的程度。为什么从春分节气开始，我国北方多沙尘暴天气?

背景知识

沙尘暴产生的原因

沙尘暴是一种突发性的高强度的风沙灾害，其形成必须同时具备沙源地、强风、植被覆盖率低三个条件。

（1）沙源地

我国北方地处半湿润半干旱的过渡地带，深居内陆，降水少，蒸发旺盛。干旱的气候条件在很大程度上决定了本区生态环境的脆弱性。由于气候干旱，地表水贫乏，河流欠发育，流水作用微弱，而物理风化和风力作用显著，因而形成大片戈壁和沙漠。

历史上由于人口增长的压力，对土地资源不合理的开发和利用，造成土地沙化的面积迅速扩大。

（2）多大风

春分过后北方的蒙古西伯利亚高压势力仍然强劲，东亚大槽明显减弱，西风带槽脊活动明显增多，蒙古到东北地区常有低压活动和气旋发展，低压移动引导冷空气南下导致该地区大风天数多。

（3）植被覆盖率

春分过后太阳直射点向北移动进入北半球，北半球气温回升，地表解

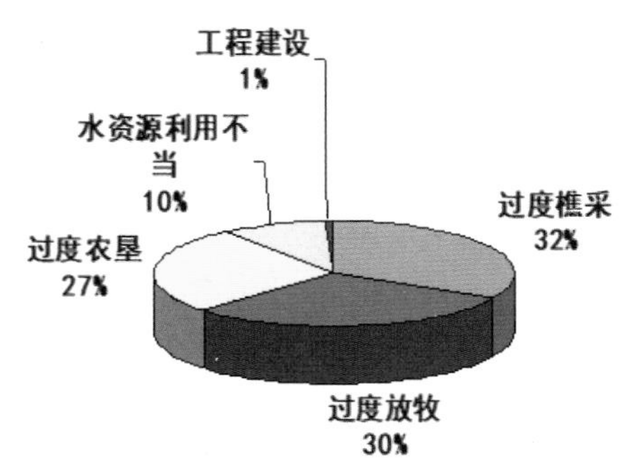

图 5.1.1　我国土地沙化成因

冻，蒸发加剧。该地区雨季为 7、8 月份，此时降水较少。因此植被长势比较差，土壤裸露，土质疏松，极易受到大风侵蚀。

科学味道

1. 防沙指南

（1）减少户外活动，不宜开窗通风

风沙来临时不能开窗，非必要不外出活动。老年人、婴幼儿、孕妇、体弱者以及呼吸系统疾病和心脏病患者容易旧病复发和出现新的疾病。

（2）尘进眼勿揉搓

风沙天气里外出时戴上护目镜进行保护，当感觉眼睛有异物感，说明沙尘已经附在角膜上，沙尘本身携带了病菌、污染物，进入眼睛接触到结膜可能造成感染，应该用清水及时冲洗眼睛或到医院就诊。

（3）外出记得戴口罩

风沙来临，空气中 $PM_{2.5}$ 和 PM_{10} 增加，这种颗粒物一旦进入各级支气管，沉降于肺泡，引起支气管炎、肺炎、肺气肿等呼吸道疾病。颗粒物表面吸附着多种有害病原体，导致一些传染病传播的机会增大。

（4）保湿皮肤，适当防晒

皮肤表层的水分极易被风尘带走，水分散失速度快，造成皮肤毛孔张开，尘埃进去后容易堵塞毛孔。沙尘天气给皮肤补水是保护皮肤的第一要务。

（5）驾车勿用远光灯

沙尘天气中，应开启雾灯、防眩目近光灯、示廓灯和前后位灯等，不要使用远光灯。当光遇到微小颗粒发生折射，使得车前视线变得更加模糊。根据能见度来选择车速，如果能见度过低时，靠边停车，以免发生危险。

2. 沙尘暴的另一面

（1）黄土高原的"缔造者"

我国的黄土高原是在几百万年前，由蒙古西伯利亚高压产生的强大冬季风从中亚、蒙古高原和新疆沙漠中携带的粉砂沉积形成的。

（2）酸雨的"克星"

我能源消费结构中煤炭占百分之六十以上，煤炭的燃烧会产生二氧化硫等酸性气体，沙尘中含有丰富的阳离子，沙尘一定程度中和了空气中的酸性气体，有效地减少酸雨的发生。

（3）海洋生物的"营养剂"

海水中铁和磷元素含量极低，沙尘中的矿物质随着雨水降落海洋，给浮游生物提供了营养物质，为鱼类的生存提供了丰富的食物。

（4）气候变暖的"抑制者"

大气中的沙尘作为凝结核增加了降水的概率，一定程度削弱到达地面的太阳辐射，可以部分抵消温室气体引起的全球变暖。

拓展延伸

大风预警信号分四级，分别用红色、橙色、黄色、蓝色表示。

大风蓝色预警信号：

24小时内可能受大风影响，平均风力可达6级以上，或者阵风7级以上；或者已经受大风影响，平均风力为6~7级，或者阵风7~8级并可能持续。

大风黄色预警信号：

12小时内可能受大风影响，平均风力可达8级以上，或者阵风9级以上；或者已经受大风影响，平均风力为8~9级，或者阵风9~10级并可能持续。

大风橙色预警信号：

6小时内可能受大风影响，平均风力可达10级以上，或者阵风11级以上；或者已经受大风影响，平均风力为10~11级，或者阵风11~12级并可能持续。

大风红色预警信号：

6小时内可能受大风影响，平均风力可达12级以上，或者阵风13级以上；或者已经受大风影响，平均风力为12级以上，或者阵风13级以上并可能持续。

第二节 夏至始夏暴雨增

2020年6月22日中央气象台预报：预计，6月22日08时至23日08时，安徽中部和西南部、湖北东部和南部、湖南中北部、重庆东南部、贵州东部和南部、浙江北部及内蒙古东部、黑龙江西南部、吉林西部等地的部分地区有大到暴雨。为什么夏至前后我国大部分地区暴雨明显增多？

背景知识

中国气象上规定，24小时降水量为50毫米以上的强降雨称为“暴雨”。按其降水强度大小又分为三个等级，即24小时降水量为50~99.9毫米称“暴雨”、100~249.9毫米之间为“大暴雨”、250毫米以上称“特大暴雨”。

产生暴雨的主要物理条件是空气水汽充足、气流上升运动强盛而持久和不稳定的大气层结构。各种尺度的天气系统和地形的抬升两者组合可产生较大的暴雨。中国大范围暴雨主要是由冷锋、台风引起，水汽来自南海、孟加拉湾、东海、黄海。

图5.2.1 锋面系统

（1）锋面雨

锋面一般为一个狭窄而倾斜的过渡地带；锋面两侧的温度、湿度、气压差别很大；在锋面上暖湿空气常有大规模的上升运动，所以锋面的附近常伴有云、大风、降水等天气现象。

根据冷暖气团的势力，锋面主要分为冷锋、暖锋、和准静止锋。我国锋面雨带的移动由于太阳直射点的北进和南退使得西北副热带高压南北移动而造成的。每年六月中下旬在我国长江中下游地区的梅雨季节就是来自海洋的暖湿气团和来自北方的冷气团势力相当而形成的准静止锋在此停留，形成长达一个月左右雨季，由于副热带高压和夏季风的不稳定每年入梅时间和出梅时间不同，例如 2016 年江淮地区 5 月 25 日入梅，较常年平均偏早 14 天，7 月 19 日出梅，较常年偏晚 11 天，梅雨期间梅雨量较常年偏多一倍以上，南方共发生 11 次区域性暴雨过程。

在我国北方七月下旬和八月上旬，如果冷气团势力突然增强形成的冷锋也会带来强降水。

（2）台风

台风又称热带气旋，主要发源于热带、副热带洋面，西北太平洋是台风发生频率高的地区之一。我国把南海与西北太平洋的热带气旋按其底层中心附近最大平均风力（风速）大小划分为 6 个等级，其中中心附近风力

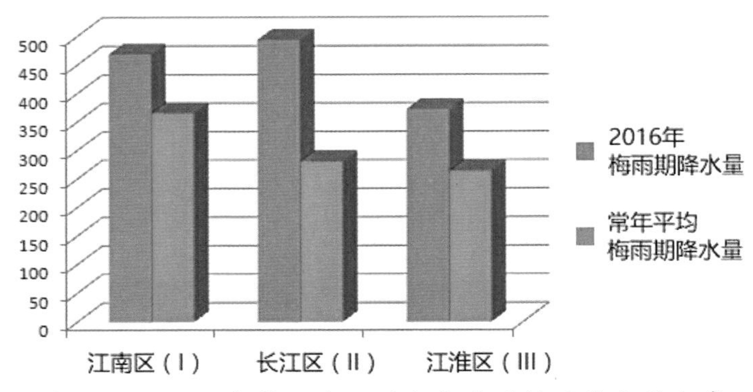

图 5.2.2　2016 年长江中下游部分地区梅雨降水量与常年平均统计图

达12级或以上的，统称为台风。一次台风登陆，降雨中心一天中可降下100~300毫米，甚至500~800毫米的大暴雨。台风暴雨造成的洪涝灾害，来势凶猛，破坏性极大，是最具危险性的灾害。

台风的移动主要受副热带高压南侧的偏东气流引导，向偏西方向移动，这类热带气旋常会在我国东南沿海至越南沿海登陆。有时副热带高压位置偏东，当热带气旋移动到副热带高压西缘时，受那里的偏南或西南气流引导，热带气旋会转向偏北或东北方向移动。

（3）暴雨与拉尼娜的关系

拉尼娜是厄尔尼诺现象的反相是指赤道太平洋东部和中部海面异常降温。东南信风将表面被太阳晒热的海水吹向太平洋西部，致使西部比东部海平面增高将近60厘米，西部海水温度增高，气压下降，潮湿空气积累形成台风和热带风暴。拉尼娜现象出现时，我国易出现冷冬热夏，登陆我国的热带气旋个数比常年多。

海洋表层的运动主要受海表面风的牵制。信风的存在使得大量暖水被吹送到赤道西太平洋地区，在赤道东太平洋地区暖水被刮走，主要靠海面以下的冷水进行补充，赤道东太平洋海温比西太平洋明显偏低（图为拉尼娜发生时的海—气间水热交换）。当信风加强时，赤道东太平洋深层海水上翻现象更加剧烈，导致海表温度异常偏低，使得气流在赤道太平洋东部下沉，而气流在西部的上升运动更为加剧，有利于信风加强，这进一步加剧赤道东太平洋冷水发展，引发所谓的拉尼娜现象。1988年~1989年，1998年~2001年，2007年~2008年都发生了强烈的拉尼娜现象，令太平洋东部至中部的海水温度比正常低了1℃至2℃。2008年南方雨雪冰冻灾害令人记忆深刻，拉尼娜就是幕后“推手”之一。

图 5.2.3　拉尼娜

科学味道

1. 暴雨来临前的准备

①检查房屋是否危旧或处于地势低洼的地方。

②非必要不外出，学校暂时停课。

③关闭电源，检查电线线路、煤气炉火等设施是否安全。

④收拾晾晒物品，将贵重物品放置于高处。

⑤户外人员应立即到地势高的地方或山洞暂避。

2. 防范要点

①预防居民住房发生内涝，在房屋门口放置挡水板、沙袋。

②关闭家中煤气阀和电源总开关。

③户外行走遇到积水，要注意观察，寻找地势较高的区域通过，防止跌入窨井、地坑等。

④驾驶车辆遇到路面或立交桥下积水过深时，应尽量绕行，不要强行通过以免遇到危险。

⑤汽车在低洼处熄火，立即下车到高处等待救援。

3. 台风的另一面

①在我国夏季台风为人们带来了丰沛的降水，缓解旱情。

②在炎热的夏天，台风可以降低气温，缓解酷暑。

③台风具有巨大的能量可使地球保持着热平衡，使人类安居乐业，生生不息。

④台风还能增加捕鱼产量。每当台风吹袭时翻江倒海，将江海底部的营养物质卷上来，鱼饵增多，吸引鱼群在水面附近聚集，渔获量自然提高。

拓展延伸

如何看卫星云图?

卫星云图是气象卫星通过扫描辐射仪等设备对地面云层和地表特征进

行探测，并将其信息经地面接收、显示装置还原成的图像，主要分可见光云图和红外线云图两种。我们在电视上看到的云图是经过加工处理后的可见光卫星云图。

云层的颜色反映着天空云层的高低、云层的薄厚、云中冰晶与水滴含量的特征。高云多为冰晶构成，云图多呈白色；中云多为水滴、冰晶的混合物，云层多呈浅灰色；低云多为水滴构成，云层呈暗灰色。这样，就可以根据云图的颜色分辨出云图由何种云层构成。若是中低层云覆盖，就会是阴天。

云图的形状反映着一定的天气系统。涡旋状云图表明高空受低压涡状系统控制，在其影响下多为不稳定性降水；带状云图表明有冷空气来临，可能产生降水天气；扇形云图是低压槽影响，常带来大面积降水。

第三节　秋分一过多山火

2020年9月20日国家林业和草原局召开的全国秋冬季森林草原防火电视电话会，会议强调：当前，我国从北到南已陆续进入秋冬季防火期。据气象部门预测，今年秋季华中、华南、西南、西北等地的部分地区受高温少雨影响，整体火险形势不利，火险等级较高。华北北部、大兴安岭南部等地的局部地区可能出现高火险时段。为什么会议召开时间选择在秋分节气前后？

背景知识

山火是一种发生在山地森林难以控制的火情，具有规模大、蔓延速度快的特点。在中国，人为因素引发的森林火灾占98%以上。森林大火的发生需要干燥的气候条件，火源，树木、草地、灌丛等可燃物三个因素。

干燥的气候条件是发生森林火灾的重要条件，天气条件影响森林的含水量和燃烧程度。风、气温、降水等天气要素达到或超过临界状态就会引发森林大火。林区干旱时间越长，气温越高，地表植被的湿度就越小，森林易燃性就越大。

我国森林资源主要分布在东北、西南和南方低山丘陵地区，典型的季风气候使得我国东部地区秋分过后随着雨带的南迁逐渐进入旱季。随着蒙古西伯利亚高压的形成和势力加强，我国北方地区处于其高压脊区，盛行下沉气流，大气稳定降水少，蒸发加大。高压势力的增强使得区域间水平气压梯度力增大，导致风力增大，既加速了可燃物水分的蒸发，又补充火场的氧气，扩大了火灾的面积。着火点气温的不断升高，形成热低压，瞬

图 5.3.1 焚风效应

间可能改变方向，直接影响了山火的蔓延方向、速度和规模。

焚风是由于空气下沉运动时，因温度升高湿度降低而形成的一种干热风 。秋分过后从蒙古西伯利亚高压来的冷气团过大兴安岭或阴山在山脉背风坡山气流在背风坡下沉而变得干热，使得林区山谷升温，加剧了植被和土壤中的水分蒸发，使得植被更容易被点燃。

山火的火源种类较多，人为主要有吸烟、秸秆燃烧、祭祖等。随着进入山区旅游和生产的人数不断增加，吸烟引起的山火逐年增加。每年深秋，一些农户在收割玩农作物后为了增加土壤肥力，秸秆就地焚烧，经常控制不佳火势使得田火演变成山火。在清明等节日传统祭祖燃烧火纸也是造成山火的重要原因，所以应鼓励我国百姓使用献花、植树的方式文明祭祀。

森林中的乔木、灌木、杂草、蕨类、苔藓、地衣、枯立木、腐朽木、枯枝落叶以及地下层的腐殖质、泥炭等，均属可燃物。我国北方山地的树种以落叶松为主，油脂含量高，气温升高或山火发生时会流出松脂，在高温下，体积突然膨大，引发爆炸加大火势。北方林地秋季枯枝落叶层积累很多，对火的蔓延和火强度升高起到促进作用。

科学味道

森林遭受火灾，危害最直接的是烧死或烧伤林木，使森林蓄积下降。森林的生长周期比较长，恢复需要几十年甚至上百年的时间。大面积森林火灾之后，森林常常被低等林或灌木丛取而代之。火灾发生的频率过高，还会变成荒草地，甚至裸地。

森林的供给作用很大，除了木材以外，还有丰富的野生植物资源。森林火灾能烧毁这些珍贵的野生动植物，改变其生存环境，使其数量显著减少，甚至造成种类灭绝。

森林具有涵养水源，保持水土的作用。每公顷林地比无林地能多蓄水30立方米，因此，森林有“绿色水库”之美称。森林树木的枝叶和根系，能够减少雨水对地表的冲击力；吸收地表径流；在我国黄土高原和南方低山丘陵植树造林是减少水土流失的重要措施。

森林燃烧会产生大量的烟雾，其成分主要是二氧化碳和水汽；森林燃烧还会产生一氧化碳、碳氢化合物、碳化物、氮氧化物及微粒物质。

拓展延伸

遇到山火如何逃生

①当遭遇森林火灾时，不要盲目乱跑，要正确判读方向，不能顺风而逃；

②不能往山顶方向逃生，随着烟气上升，山火向山顶方向扩展较快；

③用沾湿的毛巾捂住口鼻，并沿着逆风方向，向下或横走，选择植被稀疏的路线逃生；

④当被森林大火围困时，应选择植被稀疏额空旷地，远离低洼或坑、洞等容易沉淀烟尘的地方；将身上的易燃衣物除去，浸湿身上的衣物，双手抱头蜷曲躺在地上。

第四节　冬至来临雪纷飞

江苏省气象台某日预计未来24小时内：连云港南部、宿迁、淮安、盐城北部、泰州北部、扬州、南京和镇江地区将出现12小时6毫米左右的降雪；徐州、连云港北部、盐城南部、泰州南部、南通、常州、无锡和苏州地区将出现12小时1~4毫米左右的降雪。思考：每年冬至前后，我国北方就进入多雪的季节的原因是什么？

背景知识

雪是云中的温度过低，大气中的水蒸气直接凝华或水滴直接凝固而成。在中国东部大兴安岭雪季最长，超过210天，长江以南最短，为常年无雪或偶尔降雪区域；雪季长度60天等值线大体与秦岭—淮河一致。

我国北方冬季的降雪主要与水汽条件和动力条件相关。

水汽条件：该日我国北方降雪范围广，降雪量大，主要由两个原因造成：①黄海海面有个高压中心，使得瞬时间形成来自黄海的东北风，带来充足的暖湿气体；②在云贵地区形成了一个低压中心，其一支低压槽一直延伸到安徽和江苏北部，把南太平洋和印度洋的暖湿气体带入该地区。

动力条件：雪大多来自雨层云和高层云，该日，在蒙古西伯利亚附近的高压势力加强，中心气压值达到1070hPa以上，与江淮地区气压差达到40hPa以上，在我国北方风力增大，冷气团迅速南下，形成超强寒潮。由于南下的冷气团速度快，使得江淮地区的暖湿气体迅速抬升，到达符合气温条件的高度（3.0℃以下），为该地区的降雪提供了动力条件。

科学味道

1. 降雪对农作物的有利影响

北方的冬季气候寒冷，雪是很好保温物质，因雪的导热本领很差，土壤表面盖上一层雪被，可以减少土壤向大气传输地面辐射，阻挡寒冷空气的侵入，可以在寒冬保护植物不被冻伤。来年开春随着气温升高，积雪融化可以为植被提供良好的供水，缓解土壤墒情。此外，雪还能增强土壤肥力。每 1 升雪水里，约含氮化物 7.5 克。雪水渗入土壤，就等于施了一次氮肥。用雪水喂养家畜家禽、灌溉庄稼都可收到明显的效益。 雪在融化时要从土壤中吸收许多热量，土壤的温度就会下降，使得土壤中的害虫卵冻死，有利于减轻农作物的病虫害，提高作物的品质。

2. 降雪对人体健康的有利影响

雪水中所含的重水比普通水中重水的数量要少 1/4。重水能严重地抑制生物的生命过程。降雪可以减少空气中的尘埃的可吸入颗粒，起到净化空气的作用。

拓展延伸

雪花多呈六角形，花样之所以繁多，是因为冰的分子以六角形为最多，对于六角形片状冰晶来说，由于它面上、边上和角上 的曲率不同，相应地具有不同的饱和水汽压，其中角上的饱和水汽压最大，边上次之，平面上最小。在实有水汽压相同的情况下，由于冰晶各部分饱和水汽压不同，其凝华增长的情况也不相同。例如当实有水汽压仅大于平面的饱和水汽压时，水汽只在面上凝华，形成的是柱状雪

图 5.4.1　雪花的形状

花。当实有水汽压大于边上的饱和水汽压时，边上和面上都会发生凝华。由于凝华的速度还与曲率有关，曲率大的地方凝华较快，故在冰晶边上凝华比面上快，多形成片状雪花。当实有水汽压大于角上的饱和水汽压时，虽然面上、边上、角上都有水汽凝华，但尖角处位置突出。水汽供应最充分，凝华增长得最快，故多形成枝状或星状雪花。再加上冰晶不停地运动，它所处的温度和湿度条件也不断变化，这样就使得冰晶各部分增长的速度不一致，形成多种多样的雪花。

第五节　春秋季节蝗虫忙

2015年入夏以来，由于持续高温少雨，内蒙古多地草原发生严重蝗灾，导致近2000万亩草场发生不同程度的蝗虫灾害，其中1228亩受灾最为严重。那么，为什么到了春末夏初和秋季的时候极易发生蝗灾呢?

背景知识

蝗虫大约有1000多个种类，在全球的分布极为广泛。蝗虫能够适应各种环境，可以在山区、森林、沙漠和草原中生存繁殖。散居状态下的蝗虫危害较小，但是当气候变干，蝗虫就会由散居转变成聚居形态，快速繁殖后代，所到之处的植物、农作物等被侵吞殆尽。对草场生态造成灾难性破坏，还会造成粮食减产，威胁人类的生存。

飞蝗是影响我国蝗灾的重要种类之一，主要包括东亚飞蝗、亚洲飞蝗、西藏飞蝗3个亚种。东亚飞蝗是我国爆发最为频繁，危害最为严重的蝗灾类型，多发于我国的黄淮海地区。亚洲飞蝗一般分布于我国的新疆、青海、

图5.5.1　东亚飞蝗散居状态

图5.5.2　东亚飞蝗聚居形态

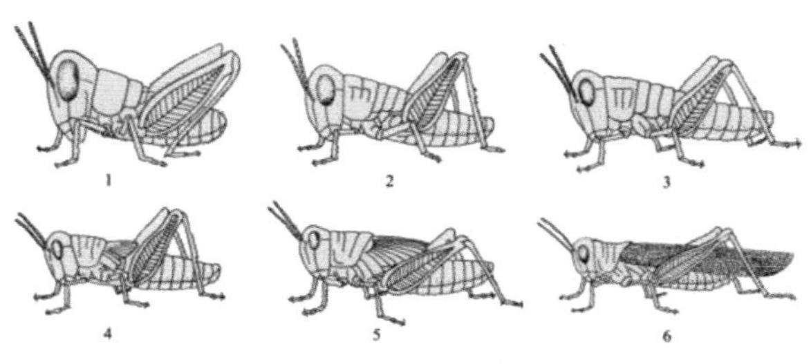

图 5.5.3　蝗虫的变态

甘肃、内蒙古、东北等地区的草地上，以植物茎秆、幼芽等为食。而西藏飞蝗主要分布在我国西藏、四川、青海等地区，对西南地区的牧草、生态环境带来毁灭性的破坏，严重影响了牧区的畜牧业生产发展。

在东北地区，每年惊蛰前后，积雪渐渐融化，湖面解冻，降雨量开始增多，万物复苏，昆虫也开始慢慢出蛰，蝗虫在土壤里产的卵开始孵化。北方春季多大风蝗虫可以借风而行，纵横千里。其中东亚飞蝗和中华稻蝗飞行能力最强，这样也有助于它们大面积的扩散，增加蝗灾受灾面积。

蝗灾和旱灾总是相伴相生的，干旱的环境对蝗虫的繁殖、生长极其有利。干旱使得河流和湖泊水位下降，一些低洼的地方裸露成为蝗虫产卵的最佳场所。干旱的气候条件提高了蝗虫卵的孵化率，枯萎的植被也为蝗虫提供了充足的食物，加速了其生长。

在我国东部季风区降水季节和年际变化大，极易发生旱灾。华北地区的旱灾发生最为频繁，在春季，由于锋面雨带尚未推移至华北地区，导致降水量较少，河流水量较少；春季气温回升快，多大风天气，蒸发旺盛；这样的环境中为蝗灾的爆发铺设了温床。

科学味道

蝗虫的治理要以"预防为主，综合防治"为方针，利用农业防治、生物防治、和化学防治技术进行防治。

1. 农业防治

调整种植业结构，改善生态环境，减少蝗虫的食物源头和产卵地。因地制宜种植蝗虫不喜欢的作物，减少蝗虫食物来源。多在农田附近植树造林，提高植被覆盖率，提高空气和土壤湿度，营造一个不适合蝗虫产卵的环境。

2. 生物防治

①增加蜘蛛类、蚂蚁类、鸟类等蝗虫天敌数量，创造有利的天敌取食蝗虫的条件，以此来控制虫害。

②适时使用药剂防治。防治时优先使用生物农药、仿生农药。

③饲养鸡、鸭，释放到田间捕食蝗虫，以此防治蝗虫。

3. 化学防治

撒布毒饵，使蝗虫取食喷洒药剂的食物，中毒致死。在使用化学农药时，要选择高效低毒、低残留、选择性较强的农药。

4. 人为防治

当蝗虫灾害发生时，可以用人工捕打的方式消灭。

拓展延伸

如何区分蝗虫、蚂蚱、蚱蜢？

蝗可以分为蝗、蚱、蜢。其中最为多见的是蝗。蝗主要特点是它的前

图 5.5.4　中华剑角蝗

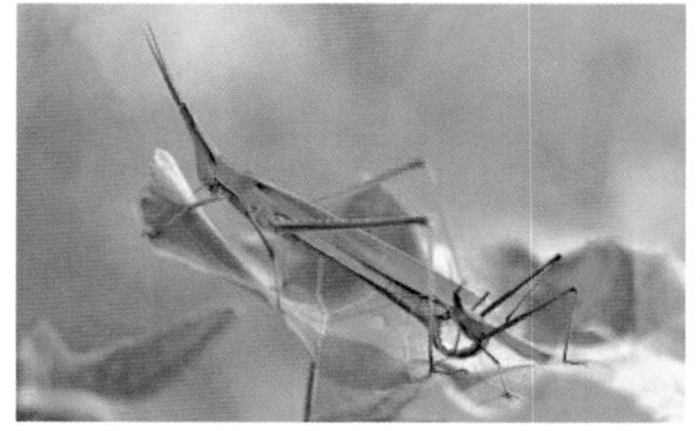

图 5.5.5　短角外斑腿蝗

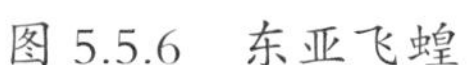

图 5.5.6　东亚飞蝗

图 5.5.7　花蜢

图 5.5.8　蚱

胸背板不向后延伸，触角比前足腿节要长，爪子有中垫。在我国北方地区常见的蝗虫有中华剑角蝗、短角外斑腿蝗和东亚飞蝗。

蜢的外观与蝗相近，蚱的主要特点是它的触角要比前足腿节要短，在触角的近端部位有一个小的凸起，头部没有蝗的头部尖，但是面部却比较狭长。

蚱是三类当中最不起眼的，蚱的主要特点就是体态较小，呈菱形，前胸背板向后延伸，盖住整个腹部。蚱的前翅小呈鳞片状，通体颜色一般较为黯淡，多与泥土颜色相近。